Die Erde ist, was du isst!

Regenerative Landwirtschaft für

eine gesunde Zukunft

Daniel Bärtschi

Coverdesign: Atelier germancreative
Coverfoto: Sinisa Botas
Korrektorat: Martina Graf, schreibtgenau
Lektorat: Kathrin Kuhle
ISBN 9798710153086

Besuchen Sie mich im Internet: www.danielbaertschi.ch

Für meine Frau Kathrin, die mich stetig ermutigt und unterstützt

Für meine Eltern, die meinen Weg vorgespurt haben

Für meine Kinder, die begeistert sind von der Natur

Inhalt

"Good farmers, who take seriously their duties as stewards of Creation and of their land's inheritors, contribute to the welfare of society in more ways than society usually acknowledges, or even knows. These farmers produce valuable goods, of course; but they also conserve soil, they conserve water, they conserve wildlife, they conserve open space, they conserve scenery."
Wendell Berry

Übersetzung:

„Gute Bauern, die ihre Pflichten als Verwalter der Schöpfung und der Erben ihres Landes ernst nehmen, tragen mehr zum Wohl der Gesellschaft bei, als die Gesellschaft normalerweise anerkennt oder sogar weiss. Diese Bauern produzieren natürliche, wertvolle Güter; aber sie schützen auch den Boden, sie sparen Wasser, sie schützen die Tierwelt, sie erhalten Freiflächen, sie erhalten die Landschaft."

Wendell Berry ist ein US-amerikanischer Essayist, Dichter, Romancier, Umweltaktivist, Kulturkritiker und Landwirt. Er lebt und arbeitet mit seiner Frau Tanya auf der gemeinsamen Farm in Port Royal, Kentucky.

Vorwort

Dass Sie dieses Buch lesen, zeigt eines: Essen bedeutet Ihnen etwas. Natürlich, wir alle essen, damit wir leben können. Doch nicht alle fragen sich, was es alles braucht, welcher Aufwand nötig ist, damit Essen auf den Teller kommt. Zu komplex ist die Materie, zu undurchsichtig sind die Abläufe. Eine unglaubliche Zahl an Marken, Labels und die fast unendlich scheinende Menge an Produkten im Ladengestell sind oft mehr als verwirrend.

Essen umfasst weitaus mehr als nur die reine Versorgung mit Kalorien und Nährstoffen. Es geht dabei auch um Genuss, soziale Begegnungen und unsere Kultur. Es ist ein Teil unserer Identität und bedeutet einen wichtigen Teil unserer Lebenszeit.

Wir haben heute eine Fülle von Lebensmitteln zur Verfügung und kennen Hunger kaum mehr aus dem eigenen Erleben. Wir stehen vor der Herausforderung, aus einem überbordenden Angebot von Produkten, Marken, Labels und weiteren Auswahlmöglichkeiten das für uns Passende auszuwählen, und dieses mit Mass zu konsumieren. Doch das ist nicht selbstverständlich. Nur durch sorgsame Nutzung unserer Natur ist Essen in

Harmonie mit unserem Planeten möglich, nur gesunder Boden führt zu gesunder Nahrung.

Unsere Erde und unser Boden sind die Grundlage für unsere Nahrung, trotz aller technischen Errungenschaften. Es gibt eigentlich genug für alle, wenn die Böden gut genutzt werden und Menschen ausgewogen, nicht zu viel und vor allem Pflanzen essen. Gesunder Boden bildet somit die Grundlage für gesunde Pflanzen, gesunde Tiere – und gesunde Menschen.

Doch weltweit ist ein alarmierender Rückgang der verfügbaren Agrarfläche zu verzeichnen. Erosion und Wüstenbildung nimmt dramatisch zu. Trockenheit und Überschwemmungen zerstören jedes Jahr Millionen Tonnen von Lebensmitteln auf den Feldern. Kriege und Konflikte vertreiben Bauernfamilien von ihrem Land.

Warum es so weit kam, welche Fehlentwicklungen verursacht wurden und was eine regenerative Landwirtschaft dagegen tun kann, können Sie in den folgenden Kapiteln erfahren. Sie werden sehen, dass ein Umsteigen notwendig ist. Und noch wichtiger dabei ist: Jede und jeder kann dazu beitragen. Sie werden nach der Lektüre dieses Buches besser in der Lage sein, eine gute Wahl zu treffen, was auf den Teller kommt. Denn nicht nur unsere Gesundheit hängt von Ihrem persönlichen Entscheid ab, sondern auch die Gesundheit unserer Erde.

Essen wir unsere Erde gesund!

P.S.: Zur besseren Lesbarkeit verwende ich im Buch die männliche oder die weibliche Form, sowie beide Geschlechter. Dessen ungeachtet beziehen sich die Angaben auf Angehörige beider Geschlechter.

Einleitung

Seit Jahrzehnten befasse ich mich mit der Frage, wie eine Landwirtschaft aussehen könnte, die weise mit den natürlichen Ressourcen und den standortbedingten Gegebenheiten umgeht und in Einklang mit der Schöpfung Lebensmittel produziert. Aufgewachsen auf einem Bio-Pionierbetrieb im Emmental, erlebte ich direkt und unmittelbar von Kindesbeinen an, wie komplex und anspruchsvoll es ist, wenn die Landwirtschaft diesen Anspruch erfüllen will.

Meine Eltern stellten den Landwirtschaftsbetrieb anfangs der 1970er-Jahre auf Bio um, dies aufgrund persönlicher Erlebnisse mit einer zunehmend intensiv werdenden Landwirtschaft. Ein Schlüsselerlebnis löste den Umstieg aus:

Ein Nachbar verwendete ein zugelassenes chemisches Schädlingsbekämpfungsmittel gegen den Hausbock im Dachstock des Bauernhauses. Das Mittel wurde an die Dachbalken gespritzt – direkt über dem Heulager. Offensichtlich gelangte ein Teil davon auf das Heu, danach in die Mägen der Kühe, und schliesslich in die Milch.

Der Bauer lieferte die Milch seiner Kühe an die Dorfkäserei, welche damit Emmentaler Käse herstellte. Ein sehr guter Käse, der sogar in die USA exportiert wurde. Doch eines Tages die Hiobsbotschaft: Die US-Gesundheitsbehörde konfiszierte den Käse und vernichtete die ganze Lieferung. Ein Container voll Emmentaler wurde einfach entsorgt. Grund: Es befanden sich nachweislich Rückstände des besagten chemischen Mittels im Käse.

Die Ursache war rasch gefunden, und der betroffene Bauer musste seine Milch fortan für ein Jahr in die Güllegrube schütten, bevor er wieder an die Käserei liefern durfte. Diese Begebenheit prägte die kritische Sicht meiner Eltern auf die Segnungen des technisch-chemischen Fortschritts.

Ich befasste mich, geprägt durch meine Eltern sowie meine eigenen Erfahrungen und Erlebnisse, schon von klein auf mit der Frage, wie eine gesunde Land- und Ernährungswirtschaft aussehen kann. Durch die Arbeit in Feld und Stall erfuhr ich dies auch direkt und praktisch. Nicht zuletzt profitierte ich von einer gesunden Ernährung mit vielen Produkten von unserem Bauernhof. Mit

Bio-Essen aufgewachsen zu sein, erachte ich heute als Privileg. Salat frisch geerntet auf dem Tisch, Fleisch und Milch von eigenen Tieren, Gemüse in allen Varianten, Eingemachtes und Süssmost aus dem Vorratskeller – all das war für mich selbstverständlich, sinnvoll und logisch.

Eine schöne Erinnerung sind die Diskussionen rund um Biolandwirtschaft am Esstisch, auf dem Feld und im Stall. Doch als Kind und Jugendlicher will man seinen eigenen Weg gehen, sich seine eigene Meinung bilden, was ich auch tat. So lernte ich Landwirt, studierte Agrarwirtschaft und arbeitete als Berater und Leiter im In- und Ausland in vielen Bereichen, von Entwicklungszusammenarbeit bis zu Arbeitssicherheit, von der Führung eines Naturmuseums bis zum Aufbau einer eigenen Beratungsunternehmung, von gesundem Essen bis Klimaschutz – und acht Jahre als Geschäftsführer von Bio Suisse, dem Dachverband der Schweizer Biolandwirtschaft. Mein Wunsch war und ist, dass Menschen die Natur, die Schöpfung, wertschätzen und verantwortungsvoll nutzen. Wir sind nicht Besitzer der Erde, des Bodens, der Natur; wir sind deren Verwalter.

Mein Weg zur regenerativen Landwirtschaft erhielt vor ein paar Jahren Auftrieb, als ich meine Anstellung als Geschäftsführer von Bio Suisse aufgab und mich auf den Weg jenseits von Bio begab. Inspiriert dazu haben mich dazu viele Menschen, besonders aber der US-amerikanische Autor, Landwirt und Philosoph Wendell Berry und die regenerativen Farmer und Vordenker Joel Salatin, Gabe Brown, Allan Savory, Charles Massy, David Montgomery, Tony Rinaudo, Allen Williams und weitere. Für meinen Weg ermutigt wurde ich auch durch Filme wie „The biggest little Farm", „Polyfaces", „Kiss the Ground", „Sacred Cow", um nur einige zu nennen.

Auf meinem Lebenspfad befasste ich mich auch mit der konventionellen Landwirtschaft, die mit dem Anspruch unterwegs ist, die Natur zu beherrschen und durch allerlei Hilfsmittel zu unserem Nutzen zu beeinflussen – mit dem einseitigen Ziel einer hohen Ertragsbildung.

Unvergesslich bleibt der Moment während meiner Ausbildung zum Landwirt auf einem Grossbetrieb in der französischen Schweiz, wo ich erstmals eine Schutzausrüstung mit Maske und Overall anzog, mit der Feldspritze über den Kartoffelacker fuhr und ein breit wirksames Herbizid gegen alle Unkräuter ausbrachte. Ergebnis: ein Feld frei von jeglichem Bewuchs – ausser den Kartoffeln. Die Vorstellung, dass nach der Ernte noch Rückstände dieses Unkrautbekämpfungsmittels im Boden und in den Kartoffeln vorhanden sind, trübte den Genuss des Kartoffelstocks ein halbes Jahr später dann doch ein wenig.

Mittlerweile habe ich landwirtschaftliche Betriebe in über 50 Ländern besucht, lernte alle möglichen (und unmöglichen) Produktionsformen kennen und traf dabei oft auf hart arbeitende Menschen, die mit teils einfachsten Hilfsmitteln ihre Flächen bewirtschaften. Bäuerinnen und Bauern, die mit Herzblut den Boden als Lebensgrundlage nutzen, aber stark von einer immer mächtiger werdenden Agroindustrie sowie einer verfehlten oder ziellosen Agrarpolitik abhängig sind. Vielerorts beobachtete ich, dass es zu einer massiven Störung von Boden und Umwelt kam, Tiere entwürdigt und Arbeitskräfte ausgebeutet wurden.

Drastisch für mich war die Begegnung mit Kleinbauern im indischen Bundesstaat Uttar Pradesh: Bauernfamilien verschuldeten sich beim Kauf von «modernem» Saatgut und den dazu verkauften Pestiziden und Düngemitteln, die ihnen einen Mehrertrag bringen sollten. Als es zu einer Dürre mit Ernteausfällen kam, konnten die Kredite nicht mehr zurückbezahlt werden. Als letzten Ausweg wählten danach viele Kleinbauern den Suizid. Womit taten sie dies? Mit den Pestiziden!

Warum haben wir es trotz Wissenschaft und Technik soweit kommen lassen? Welche Ursachen liegen dem massiven Raubbau an der Natur zugrunde? Warum können wir nicht im Einklang mit der Natur unsere Lebensmittel erzeugen? Warum ist nicht genug Essen für alle vorhanden? Fragen, die wir uns wohl alle in der einen oder anderen Form stellen.

In diesem Buch zeige ich einen Weg hin zu einer Landwirtschaft auf, der machbar, ja sogar notwendig und für unsere Kinder und Enkel positiv wirksam ist. Es geht darum, die Natur tiefgreifend zu verstehen und darauf basierend eine standortgerechte und naturfördernde Produktionsform für gesunde Lebensmittel zu finden. Auch eine Neugestaltung von Handel und Konsum, eine Stärkung der lokalen Wertschöpfung und eine weise Agrarpolitik gehören dazu. All dies dient dem Ziel, Menschen durch gesunde Nahrung ein besseres Leben zu ermöglichen.

Es gibt kein Patentrezept, das man einfach aus der Schublade nehmen kann und das alle Herausforderungen löst, und es geht nicht um ein schematisches Umsetzen von Standards und Richtlinien. Es geht vielmehr um die Umsetzung klarer Prinzipien, die von der Natur vorgegeben werden.

Wir Menschen haben die edle Aufgabe, mit der nötigen Bescheidenheit und dem Respekt vor der wunderbaren Schöpfung, die Aufgabe als kompetente Verwalter des Planeten Erde ernst zu nehmen. Das schliesst auch die Wertschätzung für die Arbeit der Bäuerinnen und Bauern mit ein, denn sie stehen am Ursprung einer gesunden Ernährung und haben es in der Hand, durch ihre Arbeit das Gesicht der Erde zum Positiven zu verändern.

Es liegt an allen – Bauer, Landwirtin, Konsumierende, Handels- und Verarbeitungsbetriebe, Politik, Kultur, Unternehmen und Organisationen – die Zukunft für unsere Kinder und Enkel lebenswert zu gestalten. Dieser Weg ist nicht neu, nicht radikal, nicht kostspielig; dieser Weg ist gut für Mensch, Tier und Umwelt – gut für alle und alles!

Der Weg führt, wenn wir ihn konsequent gehen, zu einer mehr als nachhaltigen, nämlich einer regenerativen Landwirtschaft. Dabei ist nicht alles neuartig. Es geht darum, altes Wissen mit innovativen, wissenschaftlichen Erkenntnissen zu verbinden, die Natur aus einem anderen Blickwinkel wahrzunehmen und zu nutzen, mutig unerschlossene Wege zu gehen und sich vom Wissenden zum Lernenden hin zu entwickeln – lebenslang und freudvoll.

Was dies praktisch bedeutet, und was mein Verständnis von regenerativer Landwirtschaft ist, das lesen Sie in diesem Buch. In den folgenden Kapiteln zeige ich auf, welche Wege ein einzelner Landwirtschaftsbetrieb, aber auch unsere gesamte Land- und Ernährungswirtschaft sowie Konsumentinnen und Konsumenten gehen können, um mit den Herausforderungen, welche die Gesellschaft, die Politik, die Umwelt und der Markt stellen, besser umgehen zu können. Machen wir uns gemeinsam auf den Weg hin zur regenerativen Landwirtschaft!

Kommen Sie mit auf eine Entdeckungsreise und lernen Sie die einfachen, aber wirksamen Grundsätze, Prinzipien und Wirkungen dieser alten und doch neuen Form einer mehr als nachhaltigen Landwirtschaft kennen.

Wie alles anfing

Ruhe. Absolute Ruhe ist jetzt gefordert, und keine Bewegung. Wir sitzen angespannt und abwartend vor dem Mauseloch. Wir, das sind mein Kater „Maudi" und ich, drei Jahre alt. Das Mauseloch befindet sich auf einer Kuhweide auf dem Bauernhof, wo ich aufgewachsen bin, etwa 300 Meter vom Bauernhaus entfernt. Wir streifen jeden Tag in der Natur und auf diesen Weiden umher. Wir sind ein eingespieltes Team und verstehen uns ohne Worte.

Unser Ziel heute: eine Maus zu fangen. Dies fordert gute Planung, optimale Koordination, Geduld und Ausdauer. Das Ziel vor Augen, lassen wir uns nicht ablenken, auch nicht von den über 20 Kühen, die sich um uns herum versammelt haben. Diese beachten wir nicht. Wir fokussieren uns einzig und allein auf unser Ziel und sind überzeugt: Ja, wir schaffen das!

Nun, leider, muss ich Sie enttäuschen, denn trotz unserer klaren Zielsetzung fingen wir die Maus nicht. Die Geschichte nahm nicht den von mir erwarteten Verlauf, denn die Maus liess sich nicht blicken. Dafür aber meine Eltern. Ich hatte unzählige Stunden vor dem Loch verbracht, so dass ich zwischenzeitlich als vermisst gemeldet wurde. Und dies wiederum resultierte in einer grossen Suchaktion.

Meine Familie wusste, dass ich oft in der Natur unterwegs war und unzertrennlich mit meinem Kater durch dick und dünn ging. Wo der Kater war, da war auch Daniel. Nun, meine Eltern waren natürlich beunruhigt, dass ich nicht nach Hause kam. Zeit ist (besonders im Alter von drei Jahren) ein sehr relativer Begriff – das sagte ja bereits Einstein. Zeit hat man sowieso im Überfluss und solange man keinen Hunger hat, gibt es grundsätzlich keine Motivation, um seinen Beobachtungsposten vor dem Mauseloch zu verlassen. Wie fand man mich also? Unser Knecht, der wie ein Verrückter mit seinem Moped die ganze Gegend abgesucht hatte, stellte fest, dass die Kühe sich auf der Weide in einem Kreis versammelt hatten und das Objekt in der Mitte mit hohem Interesse und großer Aufmerksamkeit beobachteten. Dieses Objekt waren wir, mein Kater und ich. Nun, wir waren uns nicht bewusst, dass sich jemand Sorgen machen könnte; auch nicht, dass wir uns potenziell in einer Gefahrenzone befanden. Zwanzig Kühe sind stärker als ein dreijähriger Junge in Begleitung eines betagten Katers.

Von aussen sah es so aus, als ob die Kühe uns bedrohen und für uns eine Gefahr darstellen würden. Doch wir nahmen diese Situation anders wahr. Für uns galt einzig das Ziel vor Augen. Wir konnten keine Gefahr erkennen und hatten auch keinen Grund, von unserem Ziel abzulassen. Die Geschichte ging zum Glück glimpflich aus, wenn auch nicht ganz befriedigend für uns zwei Abenteurer – denn die Maus fingen wir nicht.

Trotzdem haben wir es versucht und Zeit sowie Energie investiert. Die Risiken, die wir dabei eingegangen sind, waren wohl da, konnten uns aber nicht vom Vorhaben abhalten. Das ist entscheidend: Bei Widerstand nicht aufgeben, sondern, gerade in schwierigen Zeiten, mit Blick aufs Ziel gerichtet, weitergehen.

Nun, die Tatsache, dass ich ein Buch schreiben kann, zeigt, dass ich meine Kindheit, trotz eingegangener Risiken, damals wie auch später, relativ unbeschadet überstanden habe und anders als mein Kater – der dann leider kurze Zeit später starb – bis heute ein abwechslungsreiches Leben führen durfte. Mein Weg war nicht frei von Wendungen, nicht frei von Widerständen und Hindernissen, aber immer auf folgendes Ziel fixiert: Menschen einen Weg zu zeigen, wie sie mit der Natur statt gegen die Natur leben können.

Ohne Ziel kein Weg

Wer ein klares Ziel vor Augen hat, lässt sich nicht aufgrund äusserer Umstände davon abbringen. Dies gilt auch für die Landwirtschaft. Wenn eine Bauernfamilie ein klares Ziel vor Augen hat, dieses Ziel miteinander bespricht, sich darauf einigt und überzeugt den Weg geht, ist es einfacher, mit Risiken und Herausforderungen umzugehen. Man lässt sich weniger beirren von einem schwierigen Umfeld, einer unausgewogenen Agrarpolitik und negativen Medienberichten.

Als meine Eltern den Betrieb auf biologische Landwirtschaft umstellten, war dies absolut ungewöhnlich. Die Kollegen meines Vaters verstanden nicht, warum er dies tat – ein bestens ausgebildeter Meisterlandwirt kann doch nicht so verrückt sein, auf die Segnungen des Fortschritts zu verzichten. Unsere Familie war plötzlich wie in einem Schaufenster exponiert. Als Schulkind war ich der „Bio", musste mich mit blöden Sprüchen auseinandersetzen und hatte manchmal genug vom Thema. Fast ein wenig rebellisch war mein Entscheid, meine Berufsausbildung auf konventionellen Betrieben – mit dem vollen Arsenal der Agroindustrie im Einsatz – zu absolvieren. Nun, unsere Familie wurde zu den Pionieren des Biolandbaus, und rückblickend war dies ein erfolgreicher Weg – wenn auch mit einigen Wendungen und Lernkurven.

Heute darf ich feststellen, dass die Erfahrungen aus meiner Kindheit und Jugend wesentlich zu meinem beruflichen Weg beitrugen, mich prägten und nicht zuletzt auch zu diesem Buch führten. Als gelernter Landwirt, Agronom und Führungskraft mit verschiedensten Aufgaben und Tätigkeiten engagiere ich mich seit jeher für eine naturgemässe Land- und Ernährungswirtschaft. Als Autor, Coach, Mentor und Unternehmer verfolge ich heute folgendes Ziel: Ich helfe mit, dass unsere Land- und Ernährungswirtschaft dazu beiträgt, den Planeten wieder gesund zu machen und zu regenerieren. Ich unterstütze Menschen dabei, die nötigen Veränderungen, die es dazu braucht, mit Mut und Zuversicht anzugehen.

Eines ist klar: Es braucht mehr Rückbesinnung auf die Kraft der Natur, eine höhere Wertschätzung für gesunde Lebensmittel und die Stärkung lokaler Kreisläufe. Gemeinsam haben wir es in der Hand, unseren Kindern einen besseren Planeten zu übergeben. Jede und jeder entscheidet täglich aufs Neue, was auf den Teller kommt und beeinflusst dadurch, was angebaut und vermarktet wird. Und so tragen alle zu einer besseren Zukunft bei!

Es ist also unser aller Ziel: Essen wir unsere Erde gesund!

Landwirtschaft fürs Leben

Wir leben von der Natur, dank der Natur und am besten mit der Natur. Das ist keine neue Erkenntnis, der Mensch muss essen, denn ohne Nahrung kein Leben. Er braucht Lebensmittel, die ihn mit allen nötigen Nährstoffen versorgen. Am besten sind Nahrungsmittel, die möglichst natürlich hergestellt worden sind, einen hohen inneren Wert aufweisen, und in ausgewogenen Mengen und zu geregelten Zeiten gegessen werden. So kann der Mensch, mindestens in Bezug auf die Ernährung, ein gesundes Leben führen.

Dass die Ernährung einen wesentlichen Einfluss auf unsere Gesundheit hat, ist Allgemeinwissen und heute Gegenstand unzähliger Forschungsprojekte und -studien. Das Mikrobiom, d.h. die Gesamtheit der Mikroorganismen im Körper (wir Menschen haben mehr Bakterien als Körperzellen in uns!), hat eine Schlüsselfunktion bei der Versorgung mit Nährstoffen. Wir nehmen diese nicht von der Nahrung direkt auf, sondern leben von dem, was unser Mikrobiom produziert. Mittlerweile ist bekannt, dass dieses Mikrobiom nicht losgelöst von äusseren Einflüssen funktioniert, sondern durch die

Mikroben in der Nahrung beeinflusst werden. Das Mikrobiom im Boden ist mit dem Mikrobiom im Körper verwandt, die Forschung hat hier viele Parallelen festgestellt. Aber: Wussten Sie, dass die Menge pro Kalorie, der Gehalt an wertvollen Inhaltsstoffen unserer Lebensmittel, in den letzten 50 Jahren je nach Produkt um bis zu 70% abgenommen hat, wie Studien der Stanford University ergeben haben? Was dies für Auswirkungen auf unseren Körper hat, kann man nur erahnen. Warum nehmen Zivilisationskrankheiten zu? Warum sind immer mehr Menschen von Lebensmittelunverträglichkeiten betroffen? Wieso nehmen Allergien zu? Hier scheint offenbar ein Fehler im System aufzutreten.

Ein verträgliches System

Es ist offensichtlich: so kann es nicht weitergehen. Es ist Zeit für einen grundsätzlichen Umstieg, hin zu einem planetenverträglichen System der Land- und Ernährungswirtschaft.

In den folgenden Kapiteln zeige ich auf, wie wir unsere Landwirtschaft und die Ernährung wieder ins Lot rücken können und dank einer regenerativ gestalteten Land- und Ernährungswirtschaft einen ganzheitlich wirksamen Lösungsweg zur Verfügung haben. Viele der in der Folge beschriebenen Ideen und Ansätze existieren schon, sind bekannt und zum Teil auch erforscht. Doch leider gibt es heute zu viel Spezialisierung und Fragmentierung im Ernährungssystem, aber zu wenig Systemdenken vom Boden bis in den Magen.

Die Wissenschaft hat heute für jedes Thema einen Experten, der hochkompetent dazu Auskunft geben kann. Es ist aber eher schwierig, jemanden zu finden, der all diese Zusammenhänge aufzeigen kann, welche die Lebensmittelproduktion beeinflussen. Eine reduktionistische Sicht auf die Themen rund um die Ernährung bringt uns nicht weiter. So ist es zwar aus Sicht des Klimaschutzes sinnvoll, weniger Fleisch zu konsumieren. Dieses dann aber künstlich im Labor herzustellen, zeugt nicht von Weisheit, sondern von Verwirrung – oder noch schlimmer, von schlichtem Profitdenken.

Ziel ist, durch eine breite Sicht über das gesamte System, vom Boden bis in den Magen, die richtigen Hebel und Stellschrauben für eine unumkehrbare positive Veränderung zu finden. In welchen Bereichen braucht es welche Veränderungen? Wie gestalten wir eine zukunftsorientierte, naturfördernde Land- und Ernährungswirtschaft? Wie können wir gesunde Lebensmittel produzieren? Was kann ich als täglich mehrmals essender Mensch dafür tun?

Dass es kein einfacher Weg mit geradem Verlauf sein wird, leuchtet ein. Komplexe Probleme erfordern langfristiges Handeln und eine klare Vision. Denn, bevor ausgefeilte Lösungen angestrebt werden, muss man sich klar werden, wohin man gehen will. Es braucht ein klares Bild der Zukunft, ein Leitbild für unsere Landwirtschaft und die Ernährung. Die Erkenntnis, dass wir jetzt handeln müssen, bevor es zu spät ist, steigt stetig. Die globale Erwärmung und die Corona-Pandemie sind nur zwei der überdeutlichen Anzeichen, dass ein „so-weiter-wie-bisher" keine Option ist. So geht etwa die FAO, die Landwirtschaftsorganisation der UNO, davon aus, dass uns auf dieser Erde noch etwas 60 Ernten bleiben, bis die Böden komplett ausgelaugt sind, wenn wir so weitermachen wie bisher.

Wir haben auf dieser Erde mehr als eine Milliarde Menschen, die übergewichtig und knapp eine Milliarde Menschen, die unterernährt sind. Dabei waren wir noch nie so produktiv, so technisiert und so effizient bei der Produktion von Nahrungsmitteln. Nur landen gemäss der FAO, der Landwirtschaftsorganisation der UNO, etwa 70% davon anstatt in unseren Mägen im Bauch von Tieren.

Wir haben weltweit die Situation, dass 30% unserer Lebensmittel nicht bis auf den Teller gelangen, sondern irgendwo aus der Kette fallen, sei es bereits auf dem Feld, beim Detailhändler oder im Haushalt. Ein Jammer, dass diese Produkte verloren gehen und nicht mehr für die Ernährung genutzt werden können; ja schlimmer noch, dass diese Überschüsse zu Umweltschäden führen – denn bei der Produktion wurden Ressourcen eingesetzt, die jetzt verloren sind. Der durch Lebensmittelverluste verursachte zusätzliche Treibhausgasausstoss entspricht den Emissionen des weltweiten Flugverkehrs – vor COVID-19. Fazit: wir haben eigentlich genug, ja, wir konsumieren zu viel Kalorien. Wir könnten auf unserem Planeten wesentlich mehr Menschen ausreichend ernähren, wenn wir die Bodenfruchtbarkeit und den Zugang zu Lebensmitteln verbessern.

Der hohe Einsatz von chemisch-synthetischen Hilfsstoffen wie Kunstdüngern, Pestiziden und weiteren Stoffen, die naturfremd sind, führen dazu, dass diese lebensnotwendige Bodenfruchtbarkeit stark abnimmt, die Insektenpopulation massiv zurückgeht, die Biodiversität im und über dem Boden geschwächt wird, Rückstände in unseren Lebensmitteln und im Grundwasser bleiben, und zu viele unerwünschte Stoffe und zu wenige sekundäre Nährstoffe in unserem Körper landen. Ich bin mir sicher: dies ist nicht neu für Sie. Sie haben dies gehört, gelesen, wurden damit konfrontiert und haben sich ihre Gedanken gemacht. Das ist schon einmal vorbildlich, denn das schlimmste ist Ignoranz; diese Situation einfach so zu akzeptieren, als nicht veränderbar hinzunehmen.

Nein! Man kann definitiv etwas tun und es liegt in unserer Hand – und nur in unserer. Auch etwas, das unmöglich scheint, kann schlussendlich erreicht werden. Denken Sie nur an die Mondlandung. Zum Zeitpunkt, als Präsident Kennedy die Mondlandung bis Ende des Jahrzehnts als Ziel angekündigt hatte, stand die USA an einem absoluten Tiefpunkt. Die Sowjetunion war schneller im Weltall, mit dem ersten Satelliten und dem ersten

Kosmonauten. Die USA verloren Rakete um Rakete bei Explosionen, meistens schon auf der Startrampe.

Es erschien unmöglich, ja absolut illusorisch, einen Menschen auf den Mond und wieder sicher zurück zu bringen. Kennedy formulierte das visionäre Ziel, ohne den Weg zu kennen. Brillante Wissenschaftler arbeiteten mit Ingenieuren und Technikern zusammen, testeten neue Ideen, scheiterten einige Male, verbesserten die Systeme und arbeiteten ohne Blick auf persönliche Vorteile am herausragenden Jahrhundertprojekt der Mondrakete Saturn 5.

Nun, Sie wissen, das Ziel wurde erreicht. Man kann sich jetzt über Sinn und Unsinn des Vorhabens streiten. Aber dieses Beispiel ist Beweis dafür, dass wir als Menschen ein riesiges Potential bergen, wenn wir unser Ziel klar vor Augen haben. Und was gibt es Besseres als das Ziel, unsere Erde gesünder zu gestalten?

Selbstbewusste Ziele und Eigenverantwortung

Das gleiche gilt auch für unsere Landwirtschaft: Eine Landwirtschaft, die kein Ziel hat, ist immer dem Wind, der im Moment weht, ausgesetzt. Sie läuft Gefahr, sich wie ein Blatt im Wind danach zu richten. Im Moment ist zudem vor allem Gegenwind festzustellen.

Es gibt eine Flut von Initiativen und politischen Vorstössen, die die Landwirtschaft regulieren, beschränken, eingrenzen, formen, gestalten, reduzieren, extensivieren wollen. Die offiziellen Vertreter (ja, es sind fast ausschliesslich Männer) versuchen durch Abwehr und defensive Kommunikation, die Bevölkerung auf ihre Seite zu ziehen, um ja keinen notwendigen Kurswechsel zuzulassen und den Zulieferern von Hilfsmitteln und den Abnehmern ihrer Produkte das Geschäft weiterhin zu sichern.

Doch geht bei alldem vergessen, dass die Landwirtschaft mehr als ein Teil unserer Wirtschaft ist. Bauernbetriebe sind Kleinunternehmen, welche von einem grossen Unabhängigkeitsdrang und einem hingebungsvollen Engagement der Involvierten geprägt sind – zeitlich und emotional. Daneben leisten sie aber auch einen unersetzlichen Beitrag zum sozialen Leben und zur Kultur – eben einer Agrikultur. Suchen wir also rasch nach einem zielorientierten, motivierenden und die Selbstverantwortung betonenden Weg – einen Ausweg aus der heute unbefriedigenden Situation. Geben wir der Landwirtschaft ihre Stärke zurück – mit der Natur im Einklang.

In der Sackgasse

Wenn Sie die Medien verfolgen, sehen und hören Sie jeden Tag neue Nachrichten, Schlagzeilen und Berichte über die Land- und Ernährungswirtschaft. Meistens geht es dabei um Kritik, Probleme, Verunreinigungen und Umweltverschmutzung. Oder man zeigt ein verklärt romantisches Heile-Welt-Bild unserer Landwirtschaft. Es braucht aber einen realistischen Blick; Schlagzeilen helfen nicht weiter. Wie wir wissen, ist Essen lebensnotwendig. Ohne Essen kein Leben und ohne Landwirtschaft kein Essen; doch heute scheint die Landwirtschaft aus den Fugen geraten zu sein.

Trotz Produktivitätsfortschritt, Mechanisierung, vielfältiger Unterstützungsmaßnahmen, Direktzahlungen und anderen Beiträgen an die Landwirtschaftsbetriebe, stehen zahlreiche vor einer schwierigen, wenn nicht sogar ausweglosen Situation. Sie haben investiert und produzieren mit hoher Effizienz, nach Vorschriften aller Behörden, hochwertige Nahrungsmittel für den menschlichen und tierischen Konsum.

Es wird viel in die Ausbildung, die Weiterbildung und die Beratung der Landwirtschaftsbetriebe investiert. Die Wertschätzung, die sich in Volksabstimmungen über die Landwirtschaft zeigt, scheint hoch zu sein. Die Akzeptanz der Landwirtschaft ist ebenso positiv, mindestens wenn man Umfragen von Medien und Meinungsforschern zu Rate zieht. Beginnt man jedoch tiefer zu graben, sieht man, wie komplex die Herausforderungen und wie eng die Vorgaben sind, welche ein Landwirtschaftsbetrieb heute einhalten muss, um von allen Fördermassnahmen, die existieren, auch wirklich profitieren zu können.

Auf der anderen Seite hat der Landwirtschafsbetrieb den Markt und ist dem zunehmenden Preisdruck durch marktbeherrschende Monopole, Duopole und Oligopole ausgesetzt. Auf der Abnehmerseite werden drei Viertel der Lebensmittel in der Schweiz von zwei Schweizer Grossverteilern gehandelt, die durch die grosse Zahl an Standorten und Geschäften eine hohe Marktmacht besitzen. Gleichzeitig beeinflussen diese die Landwirtschaft, indem sie Vorgaben aufstellen, die für ihre Lieferanten verbindlich sind. Wenn jemand in diesem System nicht kooperiert, dann fliegt er oder sie raus.

Natürlich gibt es weitere Möglichkeiten, seine Produkte abzusetzen. Es gibt als Alternative die Direktvermarktung. Es gibt andere Kanäle, andere Möglichkeiten Produkte zu verkaufen und damit eine gute Wertschöpfung zu erzielen. Doch all dies ist mit zusätzlichem Aufwand verbunden, der beim heutigen hohen Arbeitszeitbedarf auf den Landwirtschaftsbetrieben kaum mehr erbracht werden kann. Zudem liegt Direktvermarktung oft im Verantwortungsbereich der Frau auf dem Betrieb. Deren Arbeit wird meistens ungenügend entschädigt. Sie erhält oft keinen eigenen Lohn und somit keine soziale Absicherung. Sie stellt oft die günstigste Arbeitskraft auf dem Betrieb dar. Direktvermarktung muss also genau geplant und gerecht vergütet werden.

Ich habe die drastischen Auswirkungen einer verfehlten und blind technikgläubigen Landwirtschaft in Nordkorea miterlebt. Aufgrund der ausbleibenden Unterstützung durch die Sowjetunion musste Anfang der 90er-Jahre die Regierung in Nordkorea die Wälder dramatisch übernutzen, um genügend Brennmaterial für ihre Bevölkerung und die Industrie bereitzustellen. Nach und nach wurden ganze Bergzüge abgeholzt. Als es dann zu Starkregen und Gewittern mit hohen Niederschlagsmengen in kurzer Zeit kam, rutschte die Erde an den Hängen runter. Im Flachland wurden die Reisfelder überschwemmt und die Ernte fiel im wahrsten Sinne des Wortes ins Wasser. Logische Folge in einem geschlossenen Land ohne Möglichkeit Lebensmittel zu importieren: Hungersnot. Nordkorea hatte kaum Devisen, um seine hungernde Bevölkerung zu ernähren. Bald kam aber Hilfe aus dem Ausland. Die Vereinten Nationen lieferten Nahrungsmittel mit Hilfe des World Food Programme und vieler Hilfsorganisationen. Doch es war zu wenig und zu spät, Abertausende von Menschen verhungerten.

Als ich 1997 vor Ort war, erlebte ich die surreale Situation, dass man als Gast überall reichlich zu Essen erhielt, während die Bevölkerung hungerte. Besonders erschrak ich über die Situation der Kinder, die ausgemergelt und kleinwüchsig waren. Die ganze Bevölkerung war immer wieder von neuem auf der Suche nach Nahrungsmitteln und strömte morgens aus der Stadt aufs Land, um etwas zu Essen zu finden – alle, ausser den Privilegierten, von der Partei ausgewählte Personen, die in der Hauptstadt von den Vorzügen des absolutistischen Systems profitieren konnten.

Wir bereisten als erste Personengruppe aus dem Westen Gebiete, die vorher über 50 Jahre für Ausländer geschlossen waren. Unser Auftrag war, den Verantwortlichen und den Betriebsleitenden dort zu erklären, wie sie ihre Weideflächen wieder stabilisieren und regenerieren konnten, damit die Ziegen etwas zu fressen hatten. Ihr geliebter Führer hatte die glorreiche Idee, die Ziegenzucht massiv auszubauen. Innert kurzer Zeit wurden mehr als eine Million Ziegen gezüchtet. Leider starben viele wieder, da diese Ziegen weder Staub noch Sand fressen, sondern Gras benötigen. Doch davon war leider nicht ausreichend vorhanden.

So musste eben die Produktion von Gras verbessert werden. Dies dauerte aber, denn auf den kargen und erodierten Böden, wie sie in Nordkorea leider weit verbreitet sind, ist dies eine Langzeitaufgabe.

Nun, wir – ein pensioniertes Bauernehepaar und ich – versuchten den Führungskräften unser Wissen weiterzugeben und zu erklären, auf welche Faktoren es ankommt. Der Fokus lag auf natürlicher Düngung durch Kompost, dem Einsatz von verbessertem Saatgut und vor allem dem passenden Management dieser Flächen.

Es galt, eine Übernutzung und damit einen erneuten Anstieg der Erosion zu verhindern.

Überall wo wir hinkamen, wurden wir respektvoll empfangen und durften uns ziemlich frei bewegen und umsehen. Das Interesse war gross. Alle machten sich fleissig Notizen und stellten viele Fragen. Selbst der Landwirtschaftsminister hörte aufmerksam zu als wir erklärten, wie Landwirtschaft in der Schweiz, auch im Berggebiet, funktioniert. Zwischendurch konnte ich auch ein paar Beispiele zur Entwicklung der Landwirtschaft in der Schweiz weitergeben. Den diskret angebrachten Hinweis, dass angepasste, lokale Methoden sinnvoller sind als von oben verordnete Konzepte, wurde höflich ignoriert. Stellen Sie sich vor: in einer solchen Situation passt man genau auf, keine ungeeigneten Empfehlungen abzugeben. Das Risiko, dass diese dann im ganzen Land zur Pflicht werden, war zu gross.

Zweifellos musste man aufpassen, was man sagte, denn jedes Wort wurde übersetzt und schriftlich festgehalten. Die Tatsache, dass ich trotz offiziellem Verbot Videoaufnahmen erstellen durfte, wies darauf hin, dass der Status unserer Expertengruppe hoch angesiedelt war. In der nordkoreanischen Hierarchie werden alle Personen, auch Reisende, in Stufen von 1 - 50 eingeteilt, wobei 1 die tiefste und 50 die höchste ist. Wir wurden der Kategorie 43 zugeordnet und hatten dadurch viele Privilegien, wie unter anderem den direkten Zugang zum Landwirtschaftsminister.

Ziel unserer Expertengruppe war es auch abzuklären, wo und wie man zwei Schweizer AgronomInnen und weitere Fachleute im Land stationieren könnte, welche dann die Kollektivbetriebe direkt beraten würden. Dies funktionierte, das Projekt war erfolgreich, und der „geliebte Führer" war sehr glücklich mit dem Resultat: Ziegenkäse. Allerdings war nicht festzustellen, ob sich dieses Projekt schlussendlich auch positiv auf das Leben der Menschen ausserhalb der Nomenklatura ausgewirkt hat.

Diese Erfahrung hat mich nachhaltig geprägt. Wie kann es soweit kommen, dass sich der Mensch gegenüber der Natur derart falsch verhält? Was ist zu tun, damit es nicht soweit kommt? Wie funktioniert eine Lebensmittelproduktion, welche die Natur stärkt?

Mit der regenerativen Landwirtschaft haben wir es in der Hand, solche drastischen Auswirkungen nicht nur

zu vermeiden, sondern unsere Erde gesünder zu machen.

Mehr als nachhaltig – regenerative Landwirtschaft

Was ist regenerative Landwirtschaft? Die regenerative Landwirtschaft ist ein System von landwirtschaftlichen Grundsätzen und Praktiken, mit denen das gesamte Ökosystem des Betriebs rehabilitiert und verbessert werden soll. Der Bodengesundheit wird ein hoher Stellenwert eingeräumt, dabei werden auch das Wassermanagement, die Verwendung von Düngemitteln und vieles mehr berücksichtigt. Es ist eine Methode der Landwirtschaft, welche die verwendeten Ressourcen verbessert, anstatt sie zu zerstören oder zu erschöpfen. Vereinfacht gesagt: nichts anderes als altes bäuerliches Wissen, verknüpft mit neuen Erkenntnissen.

Im Kern geht es darum, den Boden zu verbessern, aufzubauen und dadurch optimale Voraussetzungen für das Pflanzenwachstum zu schaffen. Zentral dabei ist die optimale Nutzung der überall gratis verfügbaren Sonnenenergie. Durch eine möglichst hohe Biomasse, die auf dem Boden wächst, wird viel davon genutzt. Durch das Wunder der Photosynthese kann die Pflanze Zucker produzieren; dazu benötigt sie Kohlenstoffdioxid aus der

Atmosphäre. Sie nimmt den Kohlenstoff weg und lässt den nicht notwendigen Sauerstoff an die Atmosphäre entweichen. Der Kohlenstoff ist nun gebunden und kann so nicht mehr zur Klimaerwärmung beitragen. Der Kreislauf des Kohlenstoffs ist also der Kreislauf des Lebens – ohne Kohlenstoff geht nichts.

Die Wurzeln der Pflanze ernähren nun das Bodenleben durch die Wurzelausscheidungen, bestehend vor allem aus dem Zucker, den sie durch die Photosynthese produziert hat. Die Pflanze erhält im Gegenzug Nährstoffe von den Mikroorganismen. Die Wurzeln tragen so zum Humusaufbau bei und sind etwas salopp gesagt ein Handelsplatz für Nährstoffe.

In einem regenerativen Anbausystem können verschiedene Methoden verfolgt werden, damit dieses Naturprinzip optimal genutzt werden kann. Je nach Standort, Lage, Topografie und Betriebsausrichtung sind unterschiedliche Bewirtschaftungsansätze, wie Agroforstwirtschaft, Permakultur, Holistisches Management, konservierende Bodenbearbeitung, syntropische Landwirtschaft, back-to eden-gardening und viele weitere erfolgreich. Es geht also nicht mehr um ein bestimmtes standardisiertes Produktionssystem, wie beispielsweise die biologische Landwirtschaft, sondern um den bestmöglichen Wachstumspfad, die optimale Nutzung der natürlichen Ressourcen.

Prinzipien sind wichtiger als Definitionen

International existieren bereits viele Betriebe, Unternehmen, Netzwerke, Stiftungen und Vereine, die sich mit regenerativer Landwirtschaft beschäftigen und diese gestalten, weiterentwickeln und anwenden. Viele Akteure befassen sich mit der Frage, wie regenerative Landwirtschaft am besten definiert werden kann. Wenn man den Begriff «regenerative Landwirtschaft» in der deutschsprachigen Welt verwendet, bestehen oft unklare, verzerrte oder komplett falsche Bilder darüber. Für mich steht allerdings nicht eine Definition im Vordergrund, denn das Wort 'Definition' beinhaltet das lateinische «finis», was final, endgültig bedeutet. Wir setzen jedoch auf ein System, welches Wachstum ermöglicht sowie Entwicklungsmöglichkeiten bietet, und nicht einfach eine Definition erfüllt.

Es steht also nicht eine Definition mit Richtlinien im Vordergrund, sondern ein neues Denken. Trotzdem hat man sich international der Frage angenommen und den Versuch gestartet, regenerative Landwirtschaft zu beschreiben, koordiniert durch die Organisation Terra Genesis International:

«Regenerative Landwirtschaft ist ein System landwirtschaftlicher Prinzipien und Praktiken, die die biologische Vielfalt erhöhen, Böden bereichern, Wassereinzugsgebiete schützen und die Ökosystemleistungen verbessern.

Durch die Abscheidung von Kohlenstoff im Boden und in der oberirdischen Biomasse zielt regenerative Landwirtschaft auch darauf ab, die globale Klimaerwärmung zu reduzieren.

Gut umgesetzt resultieren trotz reduziertem Hilfsmitteleinsatz stabilere Erträge, eine bessere Widerstandsfähigkeit gegen Klimainstabilität und höhere Resilienz und Vitalität für Bauerngemeinschaften.

Das System basiert auf jahrzehntelanger wissenschaftlicher Forschung und praktischer Anwendung in lokalen Gemeinschaften. Dabei stehen Elemente des biologischen/ökologischen Landbaus, der Agrarökologie, der ganzheitliche Beweidung und der Agroforstwirtschaft im Vordergrund.»

Entstehung des Begriffs

Schon in den 80er-Jahren hat der amerikanische Pionier und Farmer Robert Rodale den Begriff Regenerative Landwirtschaft geprägt. Seine Vision war eine Landwirtschaft, die mehr als nachhaltig ist und die Natur optimal nutzt sowie fördert. In den letzten 30 Jahren geriet der Begriff etwas in Vergessenheit. Der Fokus lag auf «Organic» bzw. Bio, vor allem aufgrund der Pestizidthematik und dank wirtschaftlichen Interessen der Grossverteiler.

Inspiriert ist die Bewegung nicht zuletzt von Albert Howard, einem Pionier des ökologischen Landbaus. Kompost sowie Komposttees, Pflanzenkohle und spezielle Mikroorganismen sind oft angewandte Hilfsmittel. Im Kern geht es darum, die Naturprozesse möglichst optimal zu imitieren.

Globale Bewegung mit historischen Wurzeln

Seit ein paar Jahren ist die regenerative Landwirtschaft weltweit wieder ein Begriff; leicht verzögert wächst auch in Europa das Interesse daran. Die bereits erwähnten Pioniere in Amerika, Afrika und Australien, wie Gabe Brown, Joel Salatin, Ray Archuleta, David Montgomery, Allan Savory, Charles Massy, Tony Rinaudo und viele weitere, sind Vorreiter dieser umfassenden Agrarwende. Auch in Europa ist das Thema seit einigen Jahren mehr in den Fokus der LandwirtInnen, aber auch der Gesellschaft gerückt.

Der weltweit grösste Anbieter von Biolebensmitteln, die Firma „Whole Foods" (heute im Besitz von Amazon) hat die regenerative Land- und Ernährungswirtschaft als Trend Nummer 1 für das Jahr 2020 eruiert. Eine repräsentative Umfrage der Beratungsfirma «Whole Health Marketing» in den USA ergab, dass 80% der Konsumentinnen eher ein Produkt aus regenerativer Landwirtschaft als eines aus biologischer Landwirtschaft kaufen würden.

Ein Weg für alle

Da jeder Betrieb diese Methoden anwenden kann, erwartet man ein massives, weltweites Wachstum der regenerativen Landwirtschaft. Klares Ziel ist, dass nicht nur Betriebe regenerativ wirtschaften, sondern auch Konsumenten Zugang zu regenerativ erzeugten und somit hochwertigen Produkten erhalten, und Verarbeiter und Händler entsprechende Produkte bereitstellen. Am meisten Potential sehen viele Betriebe jedoch in der Direktvermarktung. Diese erlaubt eine höhere Wertschöpfung und kann mit Hilfe digitaler Technologien eine effektive Alternative zum traditionellen Handelssystem darstellen.

Ganz entscheidend: Es geht nicht um eine standardisierte Umsetzung von Vorgaben, sondern um ein an den Standort angepasstes Bewirtschaftungsmodell, welches eine Vielzahl von Methoden nutzt. Diese reichen von Agroforstwirtschaft über minimale Bodenbearbeitung, Direktsaat, holistisches Nutztiermanagement bis zu Permakultur und zahllosen weiteren Ansätzen. Jeder Betrieb kann frei entscheiden, welchen Produktionsstandard er erreichen möchte. Ein eigenes System, integrierte Produktion, Bio oder Agrarökologie sind nur einige mögliche Systeme.

Prinzipien der regenerativen Landwirtschaft

Jeder Betrieb kann unabhängig von der Produktionsform die Prinzipien der regenerativen Landwirtschaft anwenden. Wesentlich ist eine gute Beobachtung der Natur und die an den Standort angepasste Umsetzung der regenerativen Methoden. Oft ist die grösste Herausforderung, sich ein neues Denken anzueignen – Zusammenhänge erkennen, verstehen und richtig reagieren ist das A und O.

In der regenerativen Landwirtschaft stehen fünf Prinzipien, die möglichst optimal umgesetzt werden, im Vordergrund:

Minimale Störung des Bodens

Möglichst keine oder minimale bzw. nur oberflächliche Bodenbearbeitung, stetige Reduktion des Einsatzes von Pestiziden und Kunstdünger, bis zum endgültigen Verzicht darauf.

Möglichst konstante Bodenbedeckung

Zwischenfrüchte oder Untersaaten, sowie auf dem Feld zurückgebliebene Ernterückstände oder Mulchschichten schützen den Boden vor Erosion und Austrocknung.

Lebende Wurzeln möglichst immer im Boden belassen

Von den Pflanzen produzierte Wurzelexsudate ernähren die Bodenorganismen. Ohne Wurzel fehlt dieser Nährstoff, das Bodenleben hat zu wenig Nahrung und zehrt alternativ vom Humus im Boden.

Hohe Diversität innerhalb der Kulturen und optimale Fruchtfolge

Neben einer hohen Biodiversität von Pflanzen ist der Anbau einer Vielfalt von Sorten und Kulturen zentral.

Integrierte Tierhaltung

Konsequente und möglichst ganzjährige Weidehaltung von Nutztieren (Rind, Schaf, Schwein, Huhn etc.), die in geregelten Abläufen die Weideflächen nutzen.

In der Folge gehe ich vertieft auf diese fünf Punkte ein. Konsequent angewendet, kann ein Betrieb durch diese Prinzipien innerhalb weniger Jahre den Humusgehalt um einige Prozent anheben. Dies führt zu besserem Wasserhaltevermögen, schnellerer Aufnahme von Regenwasser sowie erhöhter Nährstoffverfügbarkeit und trägt schlussendlich positiv zur inneren Qualität der Lebensmittel bei.

Klimapositive Wirkung

Dass so auch grosse Mengen Kohlenstoff aus der Atmosphäre in den Boden zurückgeführt werden, ist ein heute willkommener, ja existentiell notwendiger, Nebeneffekt. Schon heute erhalten Landwirte von privaten Akteuren Kompensationszahlungen, wenn sie die Kohlenstoffbindung nachweisen können. Damit besteht ein zusätzlicher Anreiz, den Humusgehalt der Böden zu steigern.

Warum bin ich von diesen Prinzipien begeistert? Sie sind einfach, verständlich und umsetzbar. Sie erfordern keine grossen Investitionen und lassen sich von jedem Landwirtschaftsbetrieb angepasst an seine Ziele und Möglichkeiten umsetzen. Sie wirken sich positiv auf Menschen, Tier und Umwelt aus, und sind nicht nur für die Natur gut, sondern auch für die Wertschöpfung.

Wir können durch eine konsequente Fokussierung auf eine regenerative und aufbauende Land- und Ernährungswirtschaft:

- den Boden regenerieren und das Bodenleben fördern sowie durch Humusaufbau das Klima schützen;

- die Pflanzen stärken und mittelfristig ohne chemisch-synthetische Hilfsmittel ertragsstabil produzieren;

- den Tieren ihre Würde zurückgeben, sie artgerecht füttern und halten sowie verantwortungsvoll nutzen;

- den inneren Wert von Lebensmitteln steigern und Menschen mit den nötigen Nährstoffen versorgen;

- den Menschen, die von der Landwirtschaft leben, eine Perspektive geben und deren Selbstverantwortung fördern;

- Innovation, Technologie und Digitalisierung naturfördernd einsetzen und die Kreisläufe schliessen.

Nur durch konsequentes Handeln, jetzt und ohne zu zögern, werden wir unseren Kindern eine Welt hinterlassen können, die ihnen ein Leben mit genügend natürlichen Ressourcen ermöglicht. Was heisst das nun praktisch? Wie können diese Prinzipien gelebt werden? Als

allererstes geht es darum die innere Einstellung auszu-
richten und für das einzustehen, wo wir draufstehen –
unseren Boden.

Boden: die wertvollste Ressource

Basis allen Handelns in der regenerativen Landwirtschaft ist der Boden. Boden ist Leben – ohne Boden keine
Nahrungsmittel. Unser Leben auf dieser Erde hängt von
den rund 30 Zentimeter Oberboden ab, den wir land-
wirtschaftlich nutzen. Über 95% unserer Lebensmittel
benötigen direkt oder indirekt Boden als Grundlage für
ihre Produktion.

Obwohl neue Techniken wie Vertical Farming, Hors-Sol
und andere bodenlose Alternativen im Aufwind sind,
künstliches „Fleisch" aus hochtechnischer Verarbeitung
von pflanzlichen Rohstoffen mittlerweile fast überall er-
hältlich ist, und alternatives Protein gerade boomt, brauchen wir Boden als Lebensgrundlage – ohne Alternative!

Leider ist Boden zunehmend in Bedrängnis. Neben
der fortschreitenden Überbauung und dem folglich endgültigen Verlust von wertvollem Boden tragen vor allem
die mechanische Bodenbearbeitung und Bodenverdich-

tung durch schwere Maschinen dazu bei. Der Eintrag von Kunstdünger und Pestiziden verstärkt den negativen Trend. Erosion, Humusabbau durch falsche Fruchtfolgen, die den Boden auslaugen und das Bodenleben zerstören besorgen den Rest. Ganz generell sind es Fehler im Management und nur in seltenen Situationen naturgegebene Faktoren, wie zu wenig Regen oder Erdrutsche, die Boden zerstören. Man denke nur an die sogenannten „dust bowls", gewaltige Sandstürme, die in den USA der 30er-Jahre zu massiven gesundheitlichen Problemen der Bevölkerung führten. Ursache war die exzessive Anwendung intensiver Bodenbearbeitung im Mittleren Westen. Der damalige Präsident Theodore Roosevelt setzte darauf eine Behörde ein, um dies zu korrigieren.

In der Schweiz sind wir noch in einer guten Lage. Etliche Flächen und Böden sind in einem akzeptablen Zustand und weisen einen ausreichenden Humusgehalt auf – wenn auch mit Ausnahmen. Doch weltweit sieht die Situation anders aus. In vielen Regionen sind die Böden sehr stark belastet und können ohne massiven Einsatz chemischer Hilfsmittel kaum mehr Erträge generieren.

Boden als Grundlage wiederentdecken, den Boden schützen, Humus aufbauen, Belastungen und Störungen des Bodens reduzieren und die Bewirtschaftung optimieren – diese Herausforderungen gilt es rasch anzupacken. Mit der regenerativen Landwirtschaft kann dies gelingen. Sie hat zum Ziel, den Boden zu verbessern und zu regenerieren. Analog etwa zum Sport: Es braucht nach einer Anstrengung Zeit zur Erholung, vielleicht eine Massage, ein Bad, sicherlich gutes Essen, um wieder in den Ausgangszustand vor der Belastung zu kommen.

Boden verstehen

Alles beginnt mit unserem Verständnis über den Boden. Denn Boden ist mehr als einfach Dreck. Guter Boden ist voller Leben. In einem Esslöffel davon hat es mehr Mikroorganismen, als es Menschen auf der Erde gibt. Sie können sich vorstellen, dass diese Mikroorganismen nicht nur einfach dort drin sind, sondern auch wachsen und vergehen. Sie sind ständig im Abbau oder Aufbau und stehen miteinander in Beziehung. Sie sind auch in Beziehung mit den mineralischen Bestandteilen des Bodens und den organischen Abbauprodukten von Pflanzen und Tieren sowie deren Rückständen und bilden dadurch eine lebendige, aufeinander abgestimmte Bodengemeinschaft.

Wenn es gelingt, den Anteil an organischer Substanz, den Humus im Boden, zu erhöhen, stellen sich positive Veränderungen ein. Ein humusreicher Boden ist nicht nur fruchtbar, sondern er speichert mehr Wasser und bindet mehr Kohlenstoff als ein humusarmer Boden. Es gibt weltweit genügend Beispiele, wie eine Bewirtschaftung aussieht, die den Boden schützt, Humus aufbaut und so neben der Biodiversität im Boden auch das Klima besser schützt. Doch meistens ist der Aufwand kurzfristig zu hoch, um, im heutigen System stetig sinkender Erzeugerpreise, grossflächig solche regenerativen Systeme umzusetzen.

Den Boden regenerieren

Die Bodenregeneration funktioniert dann, wenn einige Grundprinzipien zur Verbesserung des Bodensystems eingehalten werden. Die Störung des Bodens sollte möglichst gering sein, das heisst möglichst keine tiefe und wendende Bodenbearbeitung, die das Bodengefüge durcheinanderbringt.

Angestrebt wird eine möglichst flache und oberflächliche Bearbeitung des Bodens mit angepassten Maschinen, wie z. B. dem Geohobel, der Scheibenegge oder dem Flachgrubber, so dass die Struktur des Bodens und das Bodenleben nicht zu stark in Mitleidenschaft gezogen werden. Dazu braucht es idealerweise den Verzicht oder zumindest eine stetige Reduktion chemischer Hilfsmittel wie Kunstdünger und Pestizide. Grundsatz: möglichst wenig Eintrag von naturfremden Stoffen in den Boden, so dass das Bodenleben nicht leidet. Ein Verzicht auf nicht aufbereitete Gülle und an deren Stelle der Einsatz von Kompost oder gut verrottetem Mist ist ebenso förderlich für die Bodenorganismen.

Möglichst geringe Bodenstörung erfordert auch, dass der Boden nur befahren und bearbeitet wird, wenn der Bodenzustand dazu geeignet ist. Das heisst, wenn die Bodenfeuchtigkeit nicht zu hoch, aber auch nicht zu tief, die Vegetation im richtigen Stadium ist und möglichst wenig Organismen über und unter dem Boden in Mitleidenschaft gezogen werden.

Allerdings ist Landwirtschaft immer ein Eingriff in den Boden und in die Natur. Das Ziel ist nicht, wieder in die Zeit der Jäger und Sammler zurückzukehren, die ihre Nahrung in den Wäldern besorgt haben. Ziel muss es sein, mit der vorhandenen Fläche mehr Menschen zu ernähren. Es lebten noch nie so viele Menschen auf der Erde, und die verfügbare Fläche pro Person war noch nie so klein. Nur gesunder, fruchtbarer und lebendiger Boden vermag unsere Menschheit zu ernähren.

Ein weiterer wichtiger Punkt ist, dass der Boden möglichst konstant bedeckt ist, sei es mit einer Kultur, mit einer Zwischenfrucht, mit Pflanzenrückständen oder einer Abdeckung durch organisches Material. Es gilt, den Boden vor Austrocknung, aber auch vor Regen, Erosion und Wind zu schützen.

Ein nächster Punkt ist, dass wir möglichst das ganze Jahr lebende Wurzeln im Boden haben. Heute weiss man, solange die Pflanze grün ist und Sonnenlicht empfängt, produziert sie durch die Photosynthese Zucker. Dieser ist nicht nur für die Pflanze wichtig, sondern auch Nahrung für das Bodenleben, denn diese Zucker werden von der Wurzel an die Bodenmikroorganismen abgegeben. Als Gegenleistung erhält die Pflanze von ihnen Nährstoffe, die sie nicht selbst produzieren kann. Dieser

Kreislauf funktioniert also nur, wenn eine lebende Wurzel im Boden ist. Wenn es keine Wurzel hat, gibt es also auch keine Nahrung „von oben" fürs Bodenleben, und das Bodenleben muss sich anders über Wasser halten. Dies geschieht dann durch den Abbau von organischer Substanz.

Nicht ganz überraschend: In den regenerativen Anbausystemen ist eine hohe Biodiversität im Feld und in der Fruchtfolge anzustreben, damit der Einsatz von Hilfsstoffen sinkt. Es ist eine altbekannte Weisheit: Je vielfältiger die Vegetation, desto stabiler sind die Erträge. Besonders sinnvoll sind Mischkulturen, die heute wieder vermehrt auch grossflächig kultiviert werden.

Im regenerativen Bewirtschaftungssystem streben wir möglichst viele Kulturen an, die in einer sorgfältig gestalteten Fruchtfolge angebaut werden. Dadurch kann der Unkraut- und Krankheitsdruck reguliert und in Schach gehalten werden. Klar ist, dass hier nicht maximale Erträge das Ziel sind, sondern eine optimale Ernte, welche mit möglichst wenig Kosten für den Profit sorgt.

Der von vielen Fachpersonen oft unterschätzte Punkt im regenerativen System ist, die Tiere optimal ins System zu integrieren und in die Bewirtschaftung einzubauen. Warum? Es gibt in der Natur kein natürliches Ökosystem, welches ohne Tiere funktioniert. Tiere sind ein wesentlicher Bestandteil von jedem Ökosystem und haben eine bestimmte Rolle.

Tiere schützen die Erde

Etwa 60% aller landwirtschaftlichen Flächen weltweit eignen sich nicht für den Ackerbau. Sie werden als Gras- oder Weideflächen genutzt, weil sie zu steil, zu hoch gelegen, zu steinig oder anderweitig ungeeignet sind für den Ackerbau. Es ist daher sinnvoll, diese Flächen mit Wiederkäuern und anderen Tieren zu nutzen. Früher wurden viele dieser Weideflächen von Bisons, Wisenten oder anderen Wiederkäuern regelmäßig beweidet. Durch den Tritt wird die oberste Bodenschicht bearbeitet, Licht gelangt auf die Erde und in den entstandenen kleinen Lücken wachsen wieder Pflanzen nach. Ein Naturprinzip, das erst durch die langjährige Arbeit des Simbabwers Allan Savory wiederentdeckt wurde. Er gab diesem System den Namen „holistisches (ganzheitliches) Management".

Er beobachtete in Afrika, wie durch eine Reduktion der Tierzahlen in Parks die Erosion zunahm, und dort, wo sich viele Tiere bewegten, die Vegetation im Gegenzug zunahm. Denken Sie zum Beispiel an die grossen Gnu-Herden, die durch die Savanne streifen und dort dafür sorgen, dass Vegetation genutzt wird und wieder nachwächst. Ständig auf der Hut vor Angreifern und deshalb immer in Bewegung, verbleiben sie nur kurze Zeit auf einer bestimmten Fläche, bevor sie zur nächsten wechseln.

Was passiert nun, wenn diese natürliche Regeneration aufgrund fehlender Tiere nicht mehr stattfindet? Die Flächen verbuschen, und mit der Zeit entsteht Wald – oder Wüste, wenn die Niederschläge ausbleiben.

Es ist klar: Wenn diese Flächen nicht genutzt werden, sind sie der landwirtschaftlichen Produktion entzogen. Ein Verzicht auf Tiere wirkt sich somit in trockenen Regionen negativ auf die Versorgung mit Nahrungsmitteln aus und kann dazu führen, dass Hunger zunimmt. Viele Menschen sind auf ihre Nutztiere angewiesen, damit sie überleben können – sei es in der Mongolei, in Westafrika oder in der Nähe des nördlichen Polarkreises, alles Gegenden, in denen kein Ackerbau möglich ist.

Ohne die Exkremente der Tiere fehlt eine natürliche Düngung und die Pflanzendecke wird nicht mehr durch Tritte bearbeitet. Diese indirekte Hilfe fehlt dem Bodenleben. Nutztiere ersetzen die nicht mehr vorhandenen Wildtiere und sorgen mit ihrem Tritt dafür, dass die Vegetation sich entwickelt. Nicht nur durch das Hinterlassen von Exkrementen, sondern auch durch die oberflächliche Einarbeitung von Pflanzenrückständen in den Boden. Mikroorganismen, Fadenwürmer und andere Bodenorganismen haben so genügend Nahrung zur Verfügung und sorgen für einen stetigen Humusaufbau.

Vor allem Wiederkäuer haben also eine wesentliche Funktion, um diese Flächen zu erhalten. Allerdings gilt es zu beachten, dass Über- oder Unternutzung vermieden werden, denn beides führt zum Abbau von Vegetation und zu mehr Erosion.

Interessant ist auch die Integration mehrerer Tierarten im regenerativen System. Nutzen drei bis vier Tage nach den Kühen die Hühner dieselbe Fläche, picken sie die in den Kuhfladen wachsenden Fliegenlarven raus und verscharren die Fladen breitflächig. Danach können mit der Beweidung durch Schweine z. B. «Wurzelunkräuter» wie Blacken genutzt werden. Ja, genutzt, denn Unkraut ist es nicht, die Pflanze zeigt lediglich den Zustand des Bodens an.

Auswirkung einer regenerativen Bewirtschaftung

Wenn es gelingt, die Landnutzung zu optimieren und konsequent regenerativ zu arbeiten, dann erreichen wir einen stetigen Aufbau von Humus. Schlussendlich erreicht dieser ein Niveau, auf welchem sich das Bodenleben optimal entfaltet und Pflanzen ihr maximales Potential ausschöpfen. Welche Auswirkungen zeigen sich dadurch? Die wichtigsten sind:

- eine bessere Bodenfruchtbarkeit

- ein höheres Wasserspeichervermögen

- mehr Kohlenstoff im Boden

- eine bessere Bearbeitbarkeit

- bessere Krümelstruktur

- ein harmonischer Geruch

- gesündere Pflanzen

Was hier vielleicht etwas schematisch und einfach aussieht, ist in der Realität ein sehr dynamischer Prozess. Man kann nicht einfach Punkt für Punkt abarbeiten, sondern muss das Gesamtsystem ausbalancieren. Es geht auch darum, dass man als ProduzentIn die Dinge nicht nur anders ausführt, sondern auch eine andere Betrachtungsweise entwickelt.

Ein Unkraut ist dann nicht einfach ein Unkraut, sondern zeigt, dass der Boden im Ungleichgewicht ist. Eine Krankheit ist nicht einfach etwas, das man behandelt und so weitermacht wie bisher, sondern ein Symptom dafür, dass etwas im Gefüge zwischen Boden, Pflanzen und Umwelt nicht stimmt. Wie man darauf reagiert, ist dann die Kunst und Fertigkeit des regenerativen Bauern oder der regenerativen Bäuerin.

Gesunder Boden, gesundes Essen, gesunder Mensch

Regenerative Landwirtschaft hat nebst dem Ziel, Ökosysteme zu verbessern, auch zahlreiche weitere positive Wirkungen. Dank höherer Qualität der Nahrungsmittel und mehr wertvollen Inhaltsstoffen pro Kalorie ist die positive Wirkung auf unsere Gesundheit nicht zu unterschätzen. Diesem Zusammenhang sehen heute immer mehr Fachleute, wie z.B. der bekannte US-Mediziner Dr. Mark Hyman, ein Experte für funktionelle Medizin. Er erforscht seit langem die Wirkungen zwischen Produktionssystemen und der Gesundheit von Menschen und bestätigt, dass regenerativ erzeugte Lebensmittel einen Mehrnutzen haben.

Rattan Lal, der bekannte und renommierte US-Bodenforscher der University of Ohio in den USA, hat schon in den 80er- und 90er-Jahren erforscht, welchen Zusammenhang zwischen Boden und Gesundheit besteht. Seine Erkenntnisse wurden lange Zeit nicht beachtet. Dass er 2020 den Welternährungspreis gewonnen hat zeigt, dass dieses Thema endlich wieder ins Zentrum unseres Bewusstseins rückt und gerade in Zeiten von COVID-19 wieder eine ganz neue Bedeutung erlangt.

Doch nicht erst heute ist dieses Thema Gegenstand wissenschaftlicher Forschung. Schon in den 30er-Jahren hat der englische Naturwissenschaftler Sir Albert Howard seine Beobachtungen dazu festgehalten. Er verglich als Leiter der staatlichen Forschungsfarm in Indore traditionelle indische Landwirtschaftspraktiken mit der westlichen Agrarwissenschaft. Obwohl er nach Indien reiste, um westliche, landwirtschaftliche Techniken zu unterrichten stellte er fest, dass die lokale Bevölkerung ihm mehr lehren konnte als er ihnen. Ein wichtiger Aspekt, den er zur Kenntnis nahm, war der Zusammenhang zwischen gesundem Boden und der gesunden Bevölkerung, dem Viehbestand und der Ernte.

„Die Gesundheit von Boden, Pflanze, Tier und Mensch ist eins und unteilbar."

Albert Howard

Heute weisen Lebensmittel generell weniger wertvolle Inhaltsstoffe auf als noch vor 50 Jahren – und dies um bis zu 90%. Das hängt einerseits mit der einseitigen Züchtung von Pflanzen auf maximalen Ertrag zusammen, aber auch mit dem hohen Einsatz von Kunstdüngern und Pestiziden, die zu einem schnelleren und stärkeren Wachstum führen – aber nicht zu einem höheren Nährwert. Zudem muss ein Produkt gut lagerbar sein, lange Transporte überstehen und ein makelloses Erscheinungsbild haben – der Mensch kauft primär mit den Augen.

Mit der regenerativen Landwirtschaft gehen wir wieder zurück zum Ursprung. Ziel ist, Lebensmittel mit hohem Nährstoffgehalt und guter Verträglichkeit zu erzeugen, welche alles beinhalten, was wir Menschen brauchen. Zudem möchten wir Fehlentwicklungen, die durch die Pflanzenzüchtung auf hohe Erträge und für eine intensive Landwirtschaft initiiert wurden, wieder in ein verträgliches System zurückführen. Zurück zum Anfang zu gehen bedeutet, Lebensmittel beinhalten alle Nährstoffe, die wir als Menschen benötigen, ohne Zusatzstoffe, ohne künstliche Vitamine und schonend verarbeitet.

Heute haben viele Firmen der Lebensmittelindustrie erkannt, dass möglichst natürliche Produkte nicht nur wichtig für die Gesundheit sind, sondern auch ein zunehmend bedeutendes Verkaufsargument darstellen. Die Lebensmittelindustrie hat also zunehmend Interesse an Produkten und Rohwaren, die schon einen guten Gehalt an wertvollen Nähr- und Inhaltsstoffen aufweisen. Nur leider ist es so, dass unser Wirtschaftsmodell heute so aufgebaut ist, dass nur wenige landwirtschaftliche Produkte nach dem inneren Wert gehandelt und bezahlt werden. Es kommt primär auf Gewicht und Handelsqualität an. Hier bieten neue digitale Technologien Möglichkeiten, Produkte, die einen höheren inneren Gehalt aufweisen, auch besser zu bezahlen. So würden Betriebe, die regenerativ arbeiten, für den zusätzlichen Aufwand auch entschädigt.

Selbstverständliche haben wir mit regenerativ erzeugten Lebensmitteln auch das Ziel, Menschen mit gesünderen Lebensmitteln zu versorgen. Dabei ist nicht nur entscheidend, woher die Produkte stammen, sondern auch, wie stark diese verarbeitet wurden. Hier gilt es, auf Methoden zu verzichten, die die innere Struktur eines Lebensmittels verändern. Hochtechnische Verfahren passen nicht in eine regenerative Verarbeitung.

Auch hier lohnt sich der Blick über den Tellerrand: In Südkorea ist Kimchi, eingelegter Kohl mit Chili und weiteren Zutaten angereichert, das Nationalgericht. Es wird zu jeder Mahlzeit gereicht und wirkt nachweislich positiv auf das Mikrobiom im menschlichen Verdauungstrakt. Und – es kann von jeder und jedem selbst hergestellt werden. Fermentieren ist gesund!

Ich bin überzeugt: Albert Howard hat mit seiner Aussage vollkommen recht! Regenerative Landwirtschaft ist nicht nur für unseren Boden gut, sondern auch gesund für jeden Menschen. Wir geben 7% unseres Einkommens für Lebensmittel und 14% für Gesundheit aus. Wäre es nicht wundervoll, wenn es umgekehrt wäre? Die Wirkung wäre ausgesprochen positiv für uns und die Natur!

Regenerative Wirtschaft, regenerative Gesellschaft

Ein regeneratives Wirtschaftssystem ist die logische Fortsetzung der regenerativen Landnutzung. Es würde zu weit führen, dies in diesem Buch in der notwendigen Breite zu beschreiben, deshalb nachfolgend nur ein paar Elemente, die Teil davon sein können.

- Nicht nur ein faires Handelssystem, sondern ein regeneratives Handelssystem, das zur Verbesserung von Ökosystemen beiträgt und das Klima positiv beeinflusst.

- Ein regenerativer Konsum, der nur Waren in den Verkauf bringt, die vollständig wiederverwertbar sind und die nicht gekauft, sondern nur gemietet werden können.

- Regenerative Gebäude, die aus Materialien mit klarer Bezeichnung gebaut werden, primär modular aufgebaut sind und z. B. aus Holz oder wiederverwertetem Beton bestehen.

Auch die Kreislaufwirtschaft kann Basis für einen regenerativen Umgang mit Ressourcen sein. Damit setzt man altbekanntes Wissen mit neuen Methoden um. Früher gab es kaum Abfall, da die Menschen Ressourcen optimal nutzen mussten. Man denke nur an die vollständige Verwertung von geschlachteten Tieren mit Haut, Haar und Knochen, die auch heute noch von indigenen Menschen in vielen Gebieten praktiziert wird.

In einem Kreislaufmodell gibt es keine Abfälle, sondern nur Ressourcen, die kaskadenartig genutzt werden und immer wieder einer nächsten Nutzergruppe dienen. Besonders die Verwertung von organischen Reststoffen aus dem Siedlungsgebiet zu Kompost, Pflanzenkohle und weiteren nutzbaren Produkten würde sich massiv positiv auswirken. Entlastung von Verbrennungsanlagen, bessere Klimabilanz, Ersatz von Kunstdünger, Reduktion von Transporten, sind nur ein paar wenige dieser positiven Auswirkungen.

Illusion? Träumerei? Vielleicht… doch was hinterlassen wir unseren Nachkommen? Die Frage ist daher nicht, ob wir eine regenerative Wirtschaft und Gesellschaft werden, sondern wann dies endlich passiert. Das

Gute daran: wir müssen nicht auf die Politik warten (die ist oft zu spät), sondern können jetzt und sofort handeln.

Regenerativ vom Feld bis zum Teller

Im nächsten Teil dieses Buches entdecken Sie, wie wir eine regenerative Land- und Ernährungswirtschaft verwirklichen können, und was es braucht, um vom Schreiben und Reden ins Tun zu gelangen. Nachdem wir gesehen haben, warum der Umstieg Sinn macht, geht es nun um die Fragen: Was ist nötig, damit aus einer Idee Realität wird? Was können Landwirtschaftsbetriebe tun, um regenerativ zu wirtschaften? Wie tragen Verarbeitungs- und Handelsbetriebe dazu bei? Welche Möglichkeiten haben wir Konsumentinnen, Einfluss zu nehmen?

Zentral dabei ist, dass es nicht nur die Landwirtschaft betrifft, sondern die gesamte Versorgungskette vom Feld bis auf den Teller; mit möglichst geschlossenen Kreisläufen. Alle Beteiligten – wir alle – haben Einfluss auf die Gestaltung einer regenerativen Land- und Ernährungswirtschaft. Nur durch ein wirksames, systematisches Ineinandergreifen aller Prozesse für unsere Ernährung ist der Wandel auch wirklich umsetzbar. Zentral dabei ist ein kooperatives, gemeinsames Handeln.

In einzelnen Handlungsfeldern zeige ich in der Folge auf, wie auf jeder Stufe und in jedem Bereich des Ernährungssystems Veränderungen initiiert und Ziele erreicht werden können. Sie werden sehen: Es ist möglich, sinnvoll und machbar, eine regenerative Land- und Ernährungswirtschaft innerhalb der nächsten zehn Jahre zu verwirklichen.

Wesentlich für diesen Wandel ist vor allem die richtige Denkweise, auch Mindset genannt, die entsprechende Einstellung und der Wille, es zu tun. Wir haben das Wissen, die Technik und die Strukturen, die uns den Umstieg ermöglichen. Diese Transformation funktioniert jedoch nur, wenn alle Akteure des Ernährungssystems mittun. Ein afrikanisches Sprichwort sagt: Wenn du schnell gehen willst, dann gehe allein; wenn du weit gehen willst, dann gehe gemeinsam. Gehen wir besser gemeinsam!

Vision: der angestrebte Zustand

Jede grosse Veränderung beginnt im Kopf, fängt als leiser Gedanke an, wächst zur Idee, zur klaren Absicht. Oft ist es etwas, das bereits in einem schlummert, etwas, was verborgen war und nun zum Vorschein kommt. Mit der Zeit entwickelt sich ein Bild der Zukunft, das man weiterverfolgt.

Eine Vision ist nicht einfach ein schöner Gedanke, sondern der Fixstern, der hilft, den Weg zum Ziel zu finden. Wir alle tun gut daran, eine Vision zu entwickeln, die uns auf unserem Lebensweg leitet.

Als Beispiel teile ich mit Ihnen meine eigene Vision für unsere Land- und Ernährungswirtschaft der Zukunft:

«Die Land- und Ernährungswirtschaft arbeitet im Einklang mit der Natur und sorgt für fruchtbaren Boden, produziert hochwertige Produkte und ermöglicht Menschen, sich ausgewogen und gesund zu ernähren.

Jeder Bauernbetrieb produziert regenerativ, kompetent und mit Freude gesunde Lebensmittel. Die gesamte Wertschöpfungskette dient dazu, allen Menschen Zugang zu gesunden und nachhaltig produzierten Lebensmitteln zu ermöglichen – jeden Tag.»

Eine Vision ist zentral, denn ohne Vision verfallen wir in Aktionismus und tendieren zu kurzsichtigen Entscheidungen. Nur wenn wir unser Handeln immer wieder im Lichte dieser Vision betrachten, kommen wir schlussendlich dorthin, wo wir wollen.

Ein Leitbild hilft wachsen

Von der Idee bis zur Umsetzung einer Vision ist es ein weiter Weg. Darum ist es sinnvoll, ein Leitbild für die nächsten 10-20 Jahre zu formulieren – sei es nun als Landwirtschaftsbetrieb, Unternehmen, Organisation oder als gesamtes Ernährungssystem.

Was ist ein Leitbild? Es ist eine konkrete Vorstellung der Zukunft und ein Wegweiser dorthin. Es beinhaltet neben der Vision auch die Mission (was tut der Betrieb?) und die zugrundeliegenden Werte. Für die Landwirtschaft bedeutet dies, dass jeder Betrieb, jede Bauernfamilie ein Leitbild entwickelt.

Der Betrieb soll eine Vision und eine Mission haben, mit klaren Zielen, mit erreichbaren Meilensteinen und mit dem Ziel des Wachstums – denn Wachstum ist ein Naturprinzip. Allerdings geht es nicht um quantitatives Wachstum, sondern um ein Wachstum primär in qualitativer Hinsicht. Es muss dorthin führen, wo es mehr Zufriedenheit für alle gibt, mehr Nutzen für die Gesellschaft und eine bessere Bewahrung der Schöpfung. Dies kann auch mehr Suffizienz, mehr Bescheidenheit bedeuten, denn schlussendlich ist es wichtig, eine möglichst optimale Wertschöpfung zu erreichen und eine gerechte Entschädigung der geleisteten Arbeit.

Neben der Vision beinhaltet das Leitbild auch die Mission: Was macht der Betrieb? Welche Produkte und Dienstleistungen sollen angeboten werden? Welche Märkte sollen bedient werden? Was ist der Mehrwert für die Konsumentin, den Konsumenten?

Weiter gehören in ein Leitbild die Werte, welche gelebt werden sollen: Was ist uns wichtig, was motiviert uns, was ist der Herzenswunsch, was bewegt uns? Nur wer sich zu diesen Fragen Gedanken macht und Klarheit darüber gewonnen hat, ist in der Lage, auf Kurs zu bleiben und durch schwierige Zeiten zu gehen – die in aller Regel Bestandteil jeder Entwicklung sind.

Diese drei Elemente, Vision, Mission und Werte sind der Schlüssel und die Basis für jede Entwicklung. Idealerweise wird das Leitbild nicht nur in Worten, sondern auch mit einem Bild ausgedrückt, denn der Mensch denkt nicht in Worten, sondern in Bildern. Bilder bleiben ungemein viel besser haften als Texte. Es ist also sinnvoll sich Gedanken zu folgenden Fragen zu machen: Wie sieht das Bild aus, das für unseren Betrieb stimmt und das widerspiegelt, was unser Leitbild ausmacht?

Nun versteckt man dieses Bild nicht in einer Ablage, sondern bringt es möglichst an einem Ort an, wo man es regelmässig sieht. Idealerweise sehen dies auch Kundinnen und Kunden oder sonstige Personen, die auf den Betrieb kommen. Sie verstehen so besser, was der Betrieb genau macht, und vor allem warum.

Haben Sie ein Leitbild für ihren Betrieb, für ihr Leben? Haben Sie eine klare Vision? Haben Sie ihre Mission definiert? Wohin wollen Sie wachsen, was hinterlassen? Diese Fragen klären Sie besser jetzt als später, denn so schaffen Sie eine Grundlage, die hilft, den Weg durch den immer komplexeren Dschungel der heutigen Welt zu finden. Sind Sie unsicher, wie das geschehen soll? Dann suchen Sie die Unterstützung durch eine Person, die Sie begleitet, coacht und fördert.

Wenn dieses Leitbild steht, geht es an die Umsetzung. Dabei ist nicht der Plan wichtig, sondern das Ziel. Seien Sie flexibel bei der Umsetzung, lassen Sie sich Zeit, entdecken Sie neue Potentiale, hinterfragen Sie bestehende Denkmuster.

Der Weg in die Zukunft

Am Anfang der regenerativen Umgestaltung unseres Ernährungssystems steht der Umgang mit dem Boden. Dieser ist die Grundlage des Lebens. Die regenerative Landwirtschaft steht somit konsequent für das ein, worauf unsere Existenz beruht –die dünne Schicht Oberboden, die unseren Planeten umgibt. Der Boden verdient mehr Beachtung, mehr Sorgfalt und mehr Wertschätzung. Wenn es uns gelingt, den Boden wieder gesund zu machen, Humus aufzubauen, die Bodenbiodiversität zu fördern, dann haben wir die Basis für alle weiteren Entwicklungen geschaffen. Wenn wir den Boden regenerieren, dann schaffen wir die Basis für eine Regeneration des ganzen Systems.

Befassen wir uns also mit der Nutzung dieses Bodens durch die Landwirtschaft. Es geht darum, die für den jeweiligen Standort angepasste Nutzung zu eruieren und umzusetzen. Je nach Bodenart, Topografie und Exposition wählt jeder Betrieb die passenden Kulturen und Nutzungsarten aus. Dazu gehört auch die optimale Integration der Tierhaltung, angepasst an den Standort. Wichtig ist auch die Beachtung der Kenntnisse und Vorlieben der

Betriebsleiterfamilie und der Menschen, die auf dem Betrieb arbeiten.

Die Produkte werden nun so produziert, geerntet und aufbereitet, dass eine möglichst hohe Wertschöpfung daraus resultiert. Es geht also darum, sich Gedanken zu machen, wie die Produkte vermarktet werden sollen und mit welchen Partnern der Betrieb dafür kooperieren will. Dabei lohnt es sich, alle möglichen Optionen zu erfassen und daraus die passendste auszuwählen.

Es gilt nun auch, sich mit den möglichen Produktionsmitteln zu befassen: Welche Technik, welche Produkte und welche Hilfsstoffe sollen auf dem Betrieb eingesetzt werden? Wo sind die Grenzen und wo dürfen keine Kompromisse gemacht werden? Diese Fragen können nicht losgelöst von der Frage der Vermarktung beantwortet werden. Man muss also beide Themen miteinander gleichzeitig diskutieren und daraus eine Entscheidung ableiten, die konsistent ist und alle Faktoren berücksichtigt.

Die nächsten Stufen in der Wertschöpfungskette sind Handels-, Verarbeitungs- und Vermarktungsbetriebe. Auch diese sind gefordert so zu arbeiten, dass sie keine negativen Umweltwirkungen verursachen oder diese ausnahmslos kompensieren. Dazu braucht es einen entsprechenden Markt, durch welchen die Betriebe motiviert werden, ihre Umweltbelastung zu senken.

Nur wenn regeneratives Verhalten eingefordert wird, machen diese Betriebe auch mit. Es genügt also nicht mehr, Nachhaltigkeitsberichte zu erstellen. Es geht vielmehr um eine gleichwertige Betrachtung aller Wirkungen und Dimensionen eines Betriebes. Hier gibt es verschiedene Systeme, die man sich vorstellen kann, z. B. die Gemeinwohlökonomie oder die sogenannte «B-Corporation»-Zertifizierung, wo neben finanziellen Aspekten auch soziale und ökologische Kriterien einfliessen, um die Wirkung eines Unternehmens zu bewerten.

Solche Ansätze sind vom Gesetzgeber als verbindlich zu deklarieren und sollen zum Beispiel dazu dienen, die Höhe der Steuern für ein Unternehmen festzusetzen. Ein Unternehmen, das positive Sozial- und Umweltwirkungen leistet, wird entsprechend durch einen tieferen Steuersatz belohnt. Der Staat wird durch diese Unternehmen weniger belastet und spart externe Kosten ein, die sonst die Gesellschaft tragen müsste.

Zu guter Letzt kommen wir alle ins Spiel. Mit unserem Kaufverhalten, mit unserem Konsum, entscheiden wir, wie die ganze Kette davor aussieht. Wenn wir weise einkaufen, mit Blick aufs Ganze, und uns nicht von ausgeklügelten Marketingstrategien in die Irre leiten lassen, können wir direkt und unmittelbar die Regeneration unterstützen. Es geht nicht nur darum gesund zu essen, sondern auch so zu essen, dass unsere Erde wieder gesund wird – was uns zum Titel des Buches führt.

Doch nach dem Essen endet der Kreislauf der Lebensmittel noch nicht. Nun führen wir alle nicht konsumierten Ressourcen und organischen Reststoffe wieder optimal in den Kreislauf zurück. Was etwas unappetitlich klingen mag, ist schlichtweg eine Notwendigkeit, um die Nährstoffe optimal zu nutzen.

Es gibt dazu unterschiedliche Techniken, wie etwa die Kompostierung, welche schon seit langem bekannt ist und in modernen Anlagen auch effizient abläuft, oder eine eher neuere Entwicklung: die Verarbeitung von Biomasse zu Pflanzenkohle. Die letztere Methode ist allerdings nur ein Wiederentdecken uralter Techniken, die bereits unseren Vorfahren das Überleben gesichert haben. Gute Böden waren immer die Lebensgrundlage einer Gesellschaft, einer Kultur.

Damit wir diesen Systemwandel auch umsetzen können, brauchen wir die richtigen Hilfsmittel und Techniken. Auch hier gilt es, diese unter dem Gesichtspunkt ihrer Wirkung auf die Umwelt und den Boden zu beurteilen. Es ist klar, dass nur noch Techniken und Hilfsmittel eingesetzt werden, die der Natur nicht schaden und die auch wirtschaftlich sinnvoll und machbar sind. Dank Forschung und Innovation können wir hier große Fortschritte machen, z. B. mit Robotik, künstlicher Intelligenz und alternativen Behandlungsmethoden, immer gekoppelt an menschliches Urteilsvermögen und die Intuition.

In der Folge gehe ich nun vertieft auf die Handlungsfelder ein, die einen Systemwechsel in den nächsten zehn Jahren möglich machen werden:

- Einführung der regenerativen Landwirtschaft in Ausbildung, Beratung und Forschung

- Umsetzung auf Stufe der Landwirtschaftsbetriebe

- Umgestaltung von Verarbeitung und Handel

- Innovation im Pflanzenschutz

- Wirkung von Verbänden und Agrarpolitik

- Entscheidungen, die wir KonsumentInnen treffen.

Eines ist nötig: eine regenerative Ausrichtung und Anpassung der Agrarpolitik. Es braucht eine Bereinigung der trägen, innovationsbremsenden und ineffizienten, herrschenden Strukturen mit unzähligen Verbänden, Gremien, Lobbygruppen mit oft gegenteiligen Agenden. Ich erwarte von diesen keine Führung, sondern ein sich Anpassen an die Realität der regenerativen Landwirtschaft, die in der Wertschöpfungskette gelebt werden wird. Oder denken Sie, dass Veränderung von einer sich alle vier Jahre ändernden Agrarpolitik, von gewählten Funktionären und Politikern und einer überbordenden Agrarbürokratie kommt?

Denken wir an unsere Enkel, denn ihnen sollen all diese Veränderungen ein Leben in Würde und mit genügend, gesunden und natürlichen Lebensmitteln ermöglichen.

Neugestaltung der Aus- und Weiterbildung

Ohne Bildung keine Zukunft! In der Schweiz haben wir einen sehr hohen Standard bezüglich Ausbildung. Auf allen Stufen investieren Menschen in unserem Land in Aus- und Weiterbildung, in Schulungen, Trainings und Seminare. Die Schweiz ist weltweit gemäss dem World Economic Forum WEF führend in Innovation, nicht zuletzt aufgrund dieser hohen Fokussierung auf eine gute Aus- und Weiterbildung.

Wie sieht nun die Ausbildung in der Landwirtschaft aus? Der direkteste Weg ist eine landwirtschaftliche Lehre, die drei Jahre dauert und mit Schulunterricht kombiniert ist. Auszubildende lernen auf einem Betrieb von der Praxis und parallel dazu in der Schule, wo sie die notwendige Theorie mitbekommen. Danach folgen die Prüfung und bei Erfolg das Fähigkeitszeugnis. Eine Weiterbildung, wie zum Beispiel die Meisterprüfung oder eine tertiäre Ausbildung an der Fachhochschule ist möglich und wird von immer mehr jungen Menschen auch gewählt.

Auf allen Stufen wirken engagierte Lehrkräfte, die eine hohe Motivation haben und ihre Lernenden mit viel Engagement unterrichten. Das Bildungssystem der Landwirtschaft leidet aber an veralteten Strukturen. Besonders die landwirtschaftliche Berufsbildung ist eine komplexe Materie. Dies konnte ich in meiner kurzen Zeit als Mitglied des Vorstandes des dafür zuständigen Gremiums feststellen. Mit leichter Irritation nahm ich zur Kenntnis, dass nicht die Qualität der Ausbildung zuoberst steht, sondern die Beachtung kantonaler Eigenständigkeit, die Suche nach dem Kompromiss und ein Festhalten an bestehenden Strukturen.

So wollte ich erreichen, dass die freie Wahl des Schulortes für Lernende – zumindest für diejenigen, die den Ausbildungsschwerpunkt „biologische Landwirtschaft" wählen – ermöglicht wird. Doch da hatte ich nicht beachtet, dass es in vielen Kantonen primär darum ging, die Lernenden möglichst an der kantonalen Schule zu halten, anstatt diesen eine optimale Ausbildung zu bieten.

Ein etwas ambitionierter Direktor einer kantonalen Landwirtschaftsschule baute mit einem privaten Partnerverein ein eigenes Bioausbildungs-Angebot. Mit gezieltem Lobbying verhinderte er, dass „seine" Lernenden in einem anderen Kanton die führende Ausbildungsstätte mit Schwerpunkt Biolandwirtschaft besuchen durften.

Wie wäre es, wenn Auszubildende frei wählen könnten, an welcher Schule sie die Ausbildung geniessen? Wie wäre es, wenn aufgrund einer neutralen Qualitätsbewertung Transparenz über die Ausbildungsstätte herrschte? Wie wäre es, wenn nicht Lehrmittel zu recht hohen Preisen gekauft werden müssten, sondern alles digital frei zugänglich und aktuell wäre?

Auf der Stufe der Fachhochschulen ist man hier weiter – mit einer regionalen Organisation und einer gesunden Konkurrenz steigt die Qualität. Ein erfolgreiches Modell, das dank klarer Strategie und professionellen Strukturen seit vielen Jahren prächtig gedeiht.

Bildung ist zudem nichts Abschliessendes, sondern etwas, das lebenslang wesentlich und wichtig ist. Kein Abschluss ohne Anschluss muss das Motto sein. Das heisst, ein landwirtschaftliches Fähigkeitszeugnis ist nur ein erster Schritt, und es muss danach weitergehen. Weiterbildung ist wesentlich, um mit den immer neuen Herausforderungen, welche an die Ernährungswirtschaft gestellt werden, umgehen zu können. Hier braucht es viel mehr digitale Angebote und Möglichkeiten, um sich einfach und unkompliziert neues Wissen anzueignen.

Wie wäre es, wenn ich eine digitale Plattform zur Verfügung hätte, die mir den genau passenden Kurs vorschlägt? Die dank einem automatisierten Antwortsystem (auch Chatbot genannt) meine Fragen in Echtzeit beantwortet? Wo ich mich mit BerufskollegInnen kurzschliessen und schnell ein Thema besprechen kann? Das Wissen ist da und abrufbar, ich muss es nur nutzen! Sonst ist es wie mit einer Spritzkanne, die zwar mit Wasser gefüllt im Garten bereitsteht, die Pflanzen jedoch nicht giesst. So bleibt das Wasser für die Pflanzen nutzlos.

Heute geht es nicht mehr primär darum, etwas zu wissen, sondern an Wissen heranzukommen und dieses beurteilen zu können. Dazu müssen in der Ausbildung die Kompetenzen erlernt werden. Und nicht zu vergessen: Ein Landwirtschaftsbetrieb hat auch eine soziale Dimension, die ebenso Bestandteil einer berufsbefähigenden Ausbildung sein muss.

Beratung und Forschung neu denken

Mit der Digitalisierung ergeben sich spannende, neue Möglichkeiten zur Beratung. Heute nutzt fast jeder Landwirtschaftsbetrieb digitale Hilfsmittel; sei es Computer, Tablets, Laptops und das allgegenwärtige Handy. Dieses ist bei den meisten sowieso überall mit dabei. Welche Möglichkeiten ergeben sich daraus für die heute sehr föderalistisch organisierte landwirtschaftliche Beratung? Was sind die Bedürfnisse heute und in Zukunft?

Auch hier steht der Kundennutzen im Vordergrund. Ziel ist es, dass ein Landwirt oder eine Bäuerin Beratung dann in Anspruch nehmen kann, wenn er oder sie es benötigen, wenn sie vor einer Herausforderung stehen und ein Problem lösen müssen. Heute gibt es viele Berufsleute, die sich in virtuellen Gruppen organisieren und einander unterstützen: mit Information, ganz praktischem Rat und Vernetzung.

Es geht also darum, den Wissenstransfer zu flexibilisieren, zu individualisieren und auch zeitlich gezielt zu organisieren. Information ist heute frei verfügbar, weltweit abrufbar und in einer unglaublich guten Qualität vorhanden. Die Frage ist nicht, ob es die passende Information gibt, sondern, ob man Zugang dazu hat. Die Information zum richtigen Zeitpunkt an den richtigen Ort zu bringen, darum geht es. So ist es notwendig, ganz neue Beratungssysteme aufzubauen. Doch auch hier haben wir wieder ein strukturelles Problem: die Beratung ist in der Regel kantonal organisiert.

Darum folgender Vorschlag: Wir delegieren die Beratung an private Anbieter, die einen klar definierten Leistungsauftrag und Finanzen erhalten, Rechenschaft ablegen müssen und allen zugänglich sind – egal, in welchem Gebiet jemand lebt. Ich glaube, wir könnten dadurch mit mehr Wirkung und weniger Kosten rechnen. Dass dies funktioniert, zeigen Beispiele im Ausland deutlich auf. Hier nur eines davon: Die Plattform AgWiki, die in den USA erfolgreich gestartet ist, plant eine weltweite Abdeckung ihres Angebotes. Sie verbindet LandwirtInnen, teilt Wissen und vernetzt Gleichgesinnte. Es gibt heute auch im deutschsprachigen Raum eine Vielzahl von Plattformen, die Wissen digital verfügbar machen. Nur ist es oft recht umständlich, die gesuchte Antwort auf eine spezifische Herausforderung zu finden.

Wie wäre es zu Beispiel, wenn ich für meine regenerativ ausgerichtete Schweineproduktion im Kanton Bern einen Berater aus dem Kanton Graubünden beiziehen könnte, der Experte in optimaler Weidehaltung von Schweinen ist? Ein Experte, der mit genau dieser Produktionsform Erfahrung hat und Praxisbetriebe kennt, die damit erfolgreich sind. Ich wende mich also übers Internet an diesen Berater und dieser organisiert einen Video-Call mit mir. Als Mitglied im nationalen Beratungshub bezahle ich eine Jahresmitgliedschaft, mit der ich Zugang zu dieser Dienstleistung erhalte. Grundberatungen sind damit abgedeckt. Wenn ich eine Beratung auf meinem Betrieb brauche, bin ich auch bereit, diesen erfahrenen und spezialisierten Berater beizuziehen und etwas zusätzlich zu bezahlen.

Das System kann beliebig ausgebaut werden und selbstverständlich nicht nur PraktikerInnen zur Verfügung stehen, sondern allen Interessierten. Zudem kann auch ein Landwirt oder eine Bäuerin für eine Beratung zur Verfügung stehen. Je nach Bedarf kann den Anbietern von Technik und Hilfsstoffen ebenso eine Möglichkeit gegeben werden, auf dieser Plattform mitzuwirken. Wichtig: es muss immer klar ersichtlich sein, welche

Firmen dies anbieten. Ein neutrales Gremium wacht darüber, dass hier nicht primär Verkauf gefördert wird, sondern Lösungen, die mit den Prinzipien der regenerativen Landwirtschaft konform sind. Wenn nun auch die künstliche Intelligenz sowie Chatbots, d.h. automatisierte Antwortsysteme, eingesetzt würden, würde nicht nur die Beratung verbessert, es wäre auch möglich, daraus Rückschlüsse zu ziehen, die neue Erkenntnisse liefern und das Beratungssystem stetig verbessern helfen.

Forschung ist eine weitere Baustelle, die dringend einen neuen Fokus benötigt. Für die Umsetzung regenerativer Methoden benötigen wir mehr brauchbare Forschungsergebnisse. Es geht darum, möglichst optimale Lösungen zu finden, wie mit regenerativer Technik gearbeitet werden kann, um die beabsichtigen Ziele zu erreichen: Bodengesundheit verbessern, Pflanzen stärken, ja, die Gesundheit aller lebenden Organismen in den Mittelpunkt der Forschung rücken. Nötig ist auch ein grösserer Fokus auf das Klima, und darauf, wie wir mit naturbasierten Lösungen anstelle chemischer und naturfremder Hilfsmittel weiterkommen.

Heute haben wir die Herausforderung, dass viele Forschungsarbeiten gemacht werden, die sich primär an Symptomen orientieren. Ein Beispiel dafür ist die Forschung rund um die Frage: Wie kann man Blacken (Rumex obtusifolius, in höheren Lagen Rumex alpinus) bekämpfen? Aus meiner Jugendzeit kenne ich dieses Kraut zur Genüge – tagelange mühsame Feldarbeit beim Ausstechen der Blacken.

Ja, diese Arbeit ist weder spannend noch attraktiv. Es gibt chemische Herbizide, die man einsetzen kann, doch das löst das Problem langfristig nie.

Nun hat eine staatliche Forschungsanstalt das Ziel gefasst, dieser Pflanze den Garaus zu machen: mit einem Heisswasserbad, verabreicht durch ein Gerät, das einem Hochdruckreiniger ähnelt. Leider ist dies eine eher unspezifische Methode und hat zur Folge, dass neben der Blacke auch das gesamte Bodenleben im Umfeld der Pflanze abgetötet wird. Dies ist für die Regeneration des Bodens alles andere als förderlich.

Die Blacke ist aber nur dort wirklich verbreitet, wo der Boden überdüngt, verdichtet und aus dem Gleichgewicht geraten ist. Der verdichtete Boden signalisiert ein

Problem, das Bodenleben lässt Blackensamen keimen, und die Blacke mit der tief in den Boden eindringenden Pfahlwurzel sorgt für eine Bodenverbesserung. Dies illustriert, dass man Dinge nicht einfach nur anders tun sollte, sondern eine andere Sichtweise entwickeln muss, die sich mit den Ursachen eines Problems befassen. Nur dann kann man auch anders handeln.

Eine bereits erwähnte regenerative Methode der Regulierung der Blacke ist der Einsatz von Weideschweinen. Es ist nämlich so, dass gewisse Schweine, vor allem nicht zu hoch gezüchtete Rassen, die Wurzeln der Blacke sehr gerne verzehren. Sie graben diese aus und packen so das Problem an der Wurzel. Dadurch wird der Boden etwas bearbeitet und es können sich darauf vermehrt andere Pflanzen entwickeln.

Aber Achtung: Hier ist richtiges Management der Schlüssel, man kann nicht einfach die Schweine ins Feld lassen und hoffen, dass es dann funktioniert. Nein, die Tiere müssen ganz spezifisch dorthin geleitet werden, wo das Problem besteht und dürfen nicht zu lange auf dieser Fläche bleiben – denn die Schweine werden einfach weitergraben und eventuell den Pflug ersetzen. Der

Nebeneffekt dieser naturbasierten Methode: gratis nährstoffreiches Futter, besseres Fleisch, gesündere Tiere – und erst noch schön anzuschauen.

Leider ist so etwas für die Forschung zu wenig interessant, da es dabei sehr viele Variablen gibt und unterschiedliche Bedingungen sich nicht einfach so in einem Modell abbilden lassen. Wie wäre es, wenn die Forschung sich einfach einmal dem Thema annehmen und versuchen würde, basierend auf den Erfahrungen von Praktikern und gemeinsam mit diesen, Lösungen zu entwickeln?

Dies dürfte zumindest eine gute Orientierung darüber geben, was getan werden soll. Es ist bemerkenswert, dass Forschung für die Land- und Ernährungswirtschaft heute derselben reduktionistischen Denkschule folgt, die uns die heutigen Probleme einer nicht planetenkompatiblen Landwirtschaft eingebrockt hat. Stattdessen wäre es sinnvoll, sich wieder mit den Zusammenhängen zu beschäftigen und herauszufinden, wie die Natur arbeitet. Wer kann schon genau nachvollziehen, warum ein Baum von 40 Metern Höhe mit relativ geringem Wurzelwerk selbst starken Winden standhalten kann? Kein menschliches Bauwerk kommt nur annähernd an diese überragende Konstruktionsweise heran!

Wie würde nun ein regeneratives Forschungssystem aussehen? Es beginnt beim wichtigsten Akteur: der Landwirtschaft. Deren Bedürfnisse sind als Leitlinie zu betrachten. Heute stehen nach wie vor politische Themen zuoberst, die Steuerung erfolgt durch Behörden und Gremien, in denen die Praxis keine Stimme hat. Sogar in der Forschung für die biologische Landwirtschaft ist dies heute so, obwohl anfangs Praktiker den Ton angaben. Ich erinnere mich noch gut, wie in den 70er-Jahren Forschende auf dem Betrieb meiner Eltern Versuche durchführten und aus der Praxis lernten. Eine Anekdote dazu: Der erste Leiter des FiBL kam immer gegen 10 Uhr auf den Betrieb. Dabei erkundigte er sich immer zuerst in der Küche, was es denn zum Mittagessen gäbe, bevor er sich den Feldversuchen zuwandte. Offenbar war er nicht nur Forscher, sondern auch kulinarisch interessiert. Die Forschung war damals basisorientiert, anwendbar, praktisch und lernbereit. Heute ist sie weit weg davon.

Forschung sollte also optimalerweise auf Grundlage von Bedürfnissen agieren. Diese werden in Umfragen ermittelt, die von einem unabhängigen Institut und repräsentativ sind. Mindestens 50% der staatlichen Forschungsgelder für die Landwirtschaft müssten nun aufgrund dieser Bedürfnisse ausgegeben, also in entsprechende Forschung investiert werden. Der Rest würde einerseits für Grundlagenforschung, andererseits für Forschungsfragen von übergeordnetem Interesse, mit Fokus auf eine Regeneration von landwirtschaftlichen Ökosystemen und der Wirkung der Ernährung auf Gesundheit und Wohlbefinden eingesetzt.

Den Betrieb regenerativ entwickeln

Der Familienbetrieb ist in der Schweiz, etwas weniger in Europa, noch immer das vorherrschende Betriebsmodell. Trotz aller Herausforderungen ist es eine Betriebsform, die mehr leistet als andere Modelle. Ein Familienbetrieb ist nicht nur eine Produktionsstätte, sondern auch ein Lebensort, ein Kulturort und ein Garant für die Besiedlung ländlicher Räume. Regenerative Landwirtschaft ist dazu geeignet, Familienbetrieben eine höhere Wertschöpfung zu ermöglichen und gleichzeitig eine bessere Grundlage für nachfolgende Generationen zu schaffen.

Doch gilt es, vom traditionellen Rollenmodell zu einem partnerschaftlichen und gleichberechtigten Betriebsführungsmodell zu finden, in welchem die Partner sozial vergleichbar abgesichert und in gleichem Masse wirtschaftlich beteiligt sind. Wir sind in der Schweiz noch weit von einem fairen Modell entfernt. Dies ist aber eine unabdingbare Voraussetzung, damit ein Betrieb seine Ressourcen optimal nutzen kann. Zu oft sehe ich noch Beispiele, bei denen die mitarbeitende Partnerin die Direktvermarktung, die Administration etc. verantwortet, aber keinen eigenen Lohn bezieht und damit absolut ungenügend sozial abgesichert ist. Wäre es nicht an der Zeit, auch in der Landwirtschaft mit gleichen Ellen zu messen?

Was braucht es nun, damit der Umstieg auf die regenerative Landwirtschaft gelingt? Aus meiner Sicht gibt es fünf Voraussetzungen sowie fünf Erfolgsfaktoren für den Betrieb.

Voraussetzungen:

- Einverständnis aller Beteiligten, v.a. der Betriebsleiterfamilie, für eine konsequente Umsetzung des Leitbildes.

- Bereitschaft zum Risiko und Verlassen der Komfortzone. Ein Fehlschlag wird als Möglichkeit zum Lernen betrachtet und nicht als Grund, zum Alten zurückzukehren.

- Solide Finanzierung, ausreichend Reserven und klare betriebswirtschaftliche Führung mit Kennzahlen.

- Freiheit, sich nicht nach dem Mainstream zu richten, Neues zu wagen, Kritik zu ertragen und sich nicht aufzuhalten über Spott und negative Äusserungen vom Umfeld.

- Bereitschaft zur Transparenz gegenüber der Gesellschaft und zum Austausch mit Gleichgesinnten, dem Markt und Akteuren im Ernährungssystem.

Erfolgsfaktoren:

- Die Natur schätzen, Zusammenhänge entdecken und den Betrieb aufgrund Beobachtung laufend optimieren.

- Bereitschaft und Willen zu lebenslangem Lernen durch Training, Beanspruchung von Coaching und Pflege des Austauschs mit anderen LandwirtInnen.

- Vision des Betriebes als integriertes Gesamtsystem entwickeln und ein klares Leitbild formulieren und visualisieren.

- Passende Technik und naturverträgliche Hilfsmittel gezielt einsetzen, und Kosten dafür möglichst tief halten.

- Aktive Bearbeitung der Absatzmärkte und Optimierung der Wertschöpfung ohne einseitige Abhängigkeit.

Es braucht Mut, sich zu diesem Schritt zu entscheiden, doch wenn die Vision grösser ist als die Befürchtungen, gelingt dies! Leider wird heute von offizieller und auch von politischer Seite primär versucht, Probleme zu lösen, sei es mit der Agrarpolitik, sei es mit einer Flut von mehr und weniger sinnvollen Initiativen und Vorstössen. Kaum je wird Bauernfamilien vermittelt, dass sie Potentiale haben, diese nutzen können, und sie nicht abhängig von solchen Diskussionen sind. Ja, es geht um Stärkung der Selbstbestimmung, der Eigenverantwortung und der Innovationsbereitschaft. Hier muss mehr investiert werden. Aus einer erfolgreichen Nutzung von Potentialen, der Beachtung der natürlichen Bedingungen, und der intelligenten Nutzung neuester Technologien resultiert ein System, das uns allen und der Natur Gutes tut. Es entspricht den Prinzipien der regenerativen Landwirtschaft.

Regenerativ investieren

Wie investiert ein regenerativer Betrieb? Indem er Einfachheit, Zweckmässigkeit und langfristigen Nutzen ins Zentrum der Entscheidungen rückt. Man soll nur investieren, wenn man überzeugt ist, damit auch in der Zukunft Erfolg zu haben. Das heisst auch, nur so investieren, dass man sich nicht in eine Abhängigkeit über mehrere Jahrzehnte begibt, und vor allem dort zu investieren, wo Konsumentinnen es wertschätzen und Produkte kaufen. Maschinen kosten in der Regel viel und sollen deshalb in Maschinenringen oder anderen Formen überbetrieblicher Zusammenarbeit genutzt werden. Auch können Arbeiten durch Dienstleister erledigt werden.

Bauen mit Augenmass und mit dem Ziel maximaler Flexibilität ist ebenso notwendig. Mobile Bauten erfüllen oft ihren Zweck, sei dies ein Melkstand, ein Hühnerstall oder ein Maschinenzelt. Auch wenn Banken heute Kredite fast gratis vergeben: es sind immer Schulden, die zurückbezahlt werden müssen. Oft wäre es auch sinnvoller, in eine neue Küche, statt in eine neue Maschine zu investieren. Denken Sie also nicht nur an den Betrieb, sondern auch an die Familie.

Dieses Investieren mit Fokus auf das Notwendige ist nicht unbedingt im Sinne unseres Wirtschaftssystems. Dies liegt auf der Hand, denn die ganze Zuliefer- und Abnehmerindustrie lebt davon, dass Landwirte viele Investitionen tätigen. Sei es für Gebäude, für Maschinen, für Hilfsmittel usw. Solche Investitionen halten die Wirtschaft in Schwung – wenigstens die vorgelagerten Unternehmen. Allerdings stellt sich die Frage, warum der Bauernbetrieb bei den Lieferanten zum Einzelhandelspreis einkaufen muss und den Händlern zum Grosshandelspreis liefern soll. Heute erlauben die Direktzahlungen, dass beide – Lieferanten und Abnehmer – die Wertschöpfung steigern können, denn diese werden eingepreist. Wie sonst steigern Handelsbetriebe ihren Gewinn stetig? Nur dann, wenn der Landwirtschaftsbetrieb weniger verdient, denn die Preise im Laden bleiben praktisch stabil. Es sinkt lediglich der Anteil, der in der Landwirtschaft verbleibt.

Am besten ist es also, sich nicht abhängig zu machen, sondern so zu investieren, dass man flexibel bleibt. Eine ideale Möglichkeit bietet dazu das sogenannte Crowdfunding, also eine Finanzierung durch Freunde und Fans, die als Gegenleistung Dienstleistungen oder Produkte erhalten. Mit der Plattform www.yeswefarm.ch besteht seit einiger Zeit nun auch eine spezialisierte Crowdfunding-Plattform für die Land- und Ernährungswirtschaft in der Schweiz. Auch das sogenannte «bootstrapping» ist ein möglicher Ansatz. Es bezeichnet in diesem Fall eine Finanzierungsart, die gänzlich ohne externe Mittel funktioniert. Man investiert nur so viel, wie man auch eigenes Geld, aus dem Gewinn des Betriebes, zur Verfügung hat. Dies erlaubt es, frei von Rückzahlungsfristen und externen Vorgaben zu investieren.

Digitalisierung sinnvoll einsetzen

Digitalisierung ist nicht einfach eine momentane Erscheinung, sondern nicht mehr aus der regenerativen Landwirtschaft wegzudenken. Ihr Potential ist noch weitgehend ungenutzt. Digitalisierung ermöglicht uns effiziente Prozesse, Systeme und Verbindungen herzustellen, die ohne sie unmöglich wären.

Die Verfügbarkeit von Informationen, die Vernetzung, der Zugang zu Plattformen erlauben uns – wenn verantwortungsvoll genutzt – *unser* Leben mit mehr Lebensqualität zu gestalten. Es gibt auch Schattenseiten der Digitalisierung. Hier braucht es klare Regelungen, Einschränkungen und Schutzmechanismen.

Kennen Sie «Uber»? Das erste Mal habe ich diese digitale Plattform in Neu-Delhi benutzt. Ich wollte eine Fahrt von meinem Hotel zur 5 Kilometer entfernten Konferenz buchen, für die ich mich in Indien befand. Ich meldete mich also bei Uber an, lud das App aufs Handy und buchte meine erste Fahrt. Bald darauf meldete sich ein Fahrer und teilte mir die Abholzeit mit. Auf dem Handy konnte ich den Standort des Fahrzeugs abrufen und sah auch, wo ich einsteigen konnte. Ich wartete also an der vereinbarten Stelle, und bald kam Rahul mit seinem Auto, einem indischen Tata, angefahren. Er fuhr mich sicher zum Konferenzort; ich stieg aus, bedankte mich und erhielt kurze Zeit später eine Nachricht auf mein Handy, damit ich die Fahrt bewerten durfte. Diese Erfahrung war Welten entfernt von meiner ersten Taxierfahrungen in Indien anfangs der 2000er-Jahre. Interessant dabei: Uber besitzt kein einziges Auto, sondern nur die Plattform, die es mir ermöglichte, in Neu-Delhi in einer mir fremden Umgebung einen mir unbekannten Menschen mit einer Fahrt von A nach B zu beauftragen. Vor 30 Jahren wäre dies undenkbar gewesen.

Können Sie sich vorstellen, dass es ein Uber für Lebensmittel gibt? Wie würde dies aussehen? Etwa so: Ich möchte meinen Wocheneinkauf bestellen. Ich gebe meinen Einkaufszettel auf der Plattform ein und erhalte ein Angebot, inklusive Angaben zur Lieferung. Ich kann auch definieren, welche essenziellen Nährstoffe ich benötige und welche Produktionsform ich bevorzuge. Ich kann entscheiden, etwas mehr zu bezahlen, um der Umwelt und der Gesellschaft etwas zu geben. Einen Beitrag zum Klimaschutz, eine Spende für benachteiligte Kinder, ein Trinkgeld für die Feldarbeiter und Bauernfamilien. Es ist beliebig ausbaubar. Solch eine Plattform ermöglicht einen direkten Bezug zwischen dem Produzierenden und dem Konsumierenden, genau wie in meinem Uber-Beispiel, bei welchem ich Rahul kennenlernte. Eine so gestaltete Plattform verringert die (gefühlte) Distanz zwischen dem Boden bzw. dem Produktionsort und dem Teller des Konsumenten.

Digitalisierung bringt also neue Möglichkeiten, die wir nutzen können, um einerseits bei der Konsumentin mehr Transparenz über die Herkunft der Produkte zu ermöglichen und andererseits dem Produzenten auch einen Dialog mit dem Abnehmer seiner Lebensmittel zu führen. Allerdings ist Digitalisierung nur dann sinnvoll, wenn sie nicht kommerzielle Interessen in den Vordergrund stellt, sondern eine Dienstleistung anbietet, die einen Nutzen für alle Akteure bringt.

Somit brauchen wir eine Plattform, die von einer breiten Basis getragen wird und nicht gewinnorientiert ist, also eine Stiftung oder einen Verein. Dieser entscheidet über Strategie, Partnerschaften und Grenzen und dient allen interessierten Landwirtschaftsbetrieben gleichermassen, unabhängig von der Ausrichtung und dem Produktionssystem.

Wir haben heute das Problem, dass es eine Vielzahl digitaler Insellösungen gibt. Zu viel Fragmentierung im Bereich der Land- und Ernährungswirtschaft schwächt aber die Effizienz und führt zu Doppelspurigkeit. Nur wenn es uns gelingt, über die gesamte Wertschöpfungskette zusammenzuarbeiten, werden wir die Digitalisierung wirksam umsetzen können.

Digitalisierung und regenerative Landwirtschaft sind in einer optimalen Kombination dazu geeignet, viele Herausforderungen der Zukunft erfolgreich zu meistern. Ein Beispiel dafür sind digitale Bodensensoren, die mit neuesten Technologien und in Verbindung mit einer grossen Datenbasis in der Lage sind, sehr genaue Bodenanalysen zu liefern – und das in wenigen Minuten.

Ein regeneratives Handelssystem

Wir haben heute ein Lebensmittelhandelssystem, welches sehr ungleiche Partner in den Wertschöpfungsketten miteinander verbindet und voneinander abhängig macht. Viele Landwirtschaftsbetriebe liefern an wenige Handelsbetriebe, die an noch weniger Grossverteiler verkaufen, welche eine Vielzahl von Konsumenten und Konsumentinnen bedienen.

Dass dabei die Machtverhältnisse sehr ungleich sind, liegt auf der Hand. In einer regenerativen Wirtschaftsweise geht es den Akteuren der Wertschöpfungskette nicht darum, die anderen abhängig zu machen und dann die Preise zu drücken, sondern positiv für Mensch, Tier und Umwelt zu arbeiten.

Was bedeutet das? Den Fokus auf die langfristige Wirkung für Mensch und Natur ausrichten: das Fördern von Diversität, sei es bei Produkten oder bei Lieferanten, Fairness und Transparenz über Produktionsbedingungen, und eine faire, gerechte Verteilung der Wertschöpfung.

Ein Landwirtschaftsbetrieb erhielt vor 40 Jahren noch etwa 50% des Betrags, den der Käufer bezahlt hatte. Heute ist dieser Anteil bedeutend tiefer, im Schnitt noch um die 30%, mit grossen Abweichungen je nach Kategorie und Produkt. Der Bauer hat also zwei Fünftel seiner Wertschöpfung verloren, ohne dass seine Produktionskosten wesentlich tiefer geworden wären. Der vermeintliche Ausweg: mehr und intensiver produzieren.

Doch dies hat einen hohen Preis: abnehmende Bodenfruchtbarkeit, weniger gehaltvolle Lebensmittel, mehr Abfälle etc. Wir setzen heute etwa 10 Kalorien Energie ein, um eine Kalorie Lebensmittel zu erzeugen. Dass dies für unseren Planeten nicht tragbar ist, leuchtet ein.

Wir müssen hier klar Gegensteuer geben. Ein regeneratives Handelssystem internalisiert die externen Umwelt- und Sozialkosten und verteuert so Produkte, die nicht umweltverträglich hergestellt wurden. Dies geschieht über Lenkungsabgaben und Rückverteilung an die Bevölkerung. So können regenerativ hergestellte Lebensmittel mit höherer Wertschöpfung verkauft werden, da sie weniger externe Kosten verursachen – im Idealfall gar keine.

Mit dem Kauf der richtigen Produkte könnte nicht nur der Landwirtschaftsbetrieb mehr Wertschöpfung erzielen, auch die Konsumierenden würden so eher motiviert, regenerativ hergestellte Lebensmittel zu kaufen. Der Preis wäre dann nicht mehr weit höher, sondern im ähnlichen Segment wie ein nicht regeneratives Produkt. Dies würde es einer Mehrzahl der Landwirtschaftsbetriebe ermöglichen, auf regenerative Bewirtschaftung umzusteigen.

Regenerative Lebensmittel mit Mehrwert

Lebensmittel werden in aller Regel nach Gewicht und Qualität bezahlt, nur bei wenigen Produkten ist eine Bezahlung z.B. nach Eiweissgehalt Standard. Vor allem bei Gemüse und Früchten zählt einzig das Gewicht und die äussere Qualität. Die innere Qualität ist kein Handelskriterium. So können wir auch im Januar Erdbeeren aus Südeuropa oder Marokko kaufen. Diese sehen zwar wie Erdbeeren aus, schmecken aber nicht danach. Es ist erstaunlich, wie viele Menschen ausschliesslich aufgrund des optischen Eindrucks einkaufen und nicht realisieren, dass sie im Grunde genommen betrogen werden. Sie lassen sich von der Verpackung verführen und erhalten einen minderwertigen Inhalt. Ich denke, Sie kennen den

Unterschied zwischen einer Erdbeere mit mehreren 100 Kilometern Transportweg hinter sich und einer Erdbeere, die im Hausgarten oder auf dem Selbsterntefeld wächst, und direkt vom Strauch abgelesen und sofort genossen werden kann.

Wie wäre es, wenn Lebensmittel nach der inneren Qualität und dem Geschmack sowie dem Vorhandensein von wichtigen sekundären Pflanzeninhaltsstoffen bezahlt würden? Solche Stoffe werden verstärkt gebildet, wenn die Pflanze – und das ist entscheidend – in einem gesunden Boden wächst! Nur so kann sich die Pflanze optimal entwickeln. Die Pflanzen bilden diese Stoffe, um sich zu schützen, um Schädlinge und Keime abzuwehren. Bei diesen sekundären Pflanzenstoffen handelt es sich u.a. um ätherische Öle, Gerbstoffe und Bitterstoffe.

Die Erkenntnis, dass diese Stoffe eine positive Wirkung auf unsere Gesundheit haben, ist nicht nur in der Phytotherapie erkannt worden. Auch die Ernährungswissenschaft erkennt diesen Wert immer mehr an. Wenn wir uns diese Stoffe nicht oder ungenügend zuführen, fehlen sie uns.

Dies hat auch eine negative Auswirkung auf unseren Körper. Schliesslich ernähren wir nicht nur uns selbst, sondern auch das Mikrobiom im Körper, welches mehr Organismen umfasst als wir Zellen haben. Nur wenn wir diese kleinen Helfer in einer guten Zusammensetzung und in ausreichender Menge in uns haben, sind wir auch gut ernährt.

Fazit: Es braucht mehr Transparenz und mehr Kostenwahrheit in der Lebensmittelwertschöpfungskette. Handel ist wichtig und sinnvoll, aber ohne klare Regulation, Lenkungsabgaben und Umweltstandards wird der Preisdruck weiter steigen. Die Machtkonzentration im Handel wird ausgebaut, und der Umwelt wird weiter geschadet.

Natürliche Ressourcen optimal nutzen

Nach dem Kauf eines Lebensmittels und dessen Konsum ist die Geschichte nicht zu Ende. Ein regeneratives System bietet auch einen Weg, wie organisches Material wieder sinnvoll zurückgeführt werden kann – denn es gibt keinen Abfall, es gibt keinen „food waste" mehr. Es gibt nur noch Ressourcen, die in den Kreislauf zurückgelangen und nutzbar sind.

Die regenerative Landwirtschaft endet nicht auf dem Teller. Es geht dabei darum, dass wir uns überlegen, wie wir die Produkte, die heute oft entsorgt werden, sinnvoll in den Stoffkreislauf zurückführen. Kreislaufwirtschaft macht Sinn, denn alle haben einen Mehrnutzen davon.

Wie bringen wir dieses organische Material, reich an Nährstoffen und Kohlenstoff, wieder in den Kreislauf zurück, ohne dass es die Umwelt belastet, sondern sie im Idealfall sogar schützt? Ein Beispiel dafür ist Pflanzenkohle. Diese wird durch Pyrolyse, das heisst mittels einer Verkohlung bei hohen Temperaturen unter Sauerstoffmangel hergestellt und ohne Umweltbelastung – etwa so wie früher die Köhler gearbeitet haben. Ein weiterer, bereits breit praktizierter Weg ist die Kompostierung, die allerdings nur professionell betrieben wirklich Sinn macht.

Durch den Einsatz des organischen Materials in Kohleform erreichen wir einen Mehrfachnutzen. Wir können durch organische Substanz, die wir in den Boden bringen, den Humusgehalt erhöhen. Andererseits können wir durch Pflanzenkohle den Kohlenstoff dauerhaft im Boden speichern. Pflanzenkohle ist keine neue Erfindung. Sie kennen sicher die Holzkohle. Man kann nicht nur gutes Holz zu Holzkohle verwerten, sondern eben auch organische Siedlungsreststoffe, Baumschnitt und Häckselgut aus Gärten.

Ein letzter Schritt in diesem Zyklus ist, den Kohlenstoff wieder auf die Landwirtschaftsflächen zurückzubringen. Idealerweise nicht direkt aufs Feld, sondern zuerst als Beigabe im Tierfutter, was dann wiederum einen positiven Einfluss auf die Tiergesundheit hat.

Wie bereits erwähnt, ist auch Kompost eine sehr sinnvolle Art der Verwertung von organischem Material. Man kann den Kompost nicht nur aufs Feld bringen, sondern daraus auch Komposttee herstellen. Ein Produkt, das sehr reich an Mikroorganismen ist und der

Pflanzenstärkung dient. Leider wurde diese Methode während vieler Jahre kaum beachtet, ist nun aber stark im Aufwind. Mit Komposttee kann ein betriebsspezifisches Mikrobenpräparat hergestellt werden, das kostengünstig und wirksam für vielfältige Zwecke genutzt werden kann.

Heute gibt es immer mehr Anbieter von Mikroben basierten Hilfsstoffen und weiteren natürlichen Hilfsmitteln, die für den Pflanzenschutz und für die Pflanzengesundheit sinnvoll eingesetzt werden können. Lassen Sie mich eines festhalten: In der Landwirtschaft wird in absehbarer Zeit der Einsatz von chemisch-synthetischen Hilfsstoffen automatisch sinken. Nicht aufgrund politischer Initiativen, sondern aufgrund der Gesundheit unserer Böden, unserer Tiere und auch von uns Menschen.

Alternativen sind schon heute breit verfügbar und werden ein massives Wachstum erleben – neben mikrobiellen Präparaten sind es auch neue Techniken. Nur ein Beispiel dazu: Eine holländische Firma entwickelt Systeme mit Kleindrohnen, die Schädlinge automatisch erkennen und bekämpfen. Die Motte wird dabei vom Sensor erfasst und vom Rotor zerfetzt.

In der regenerativen Landwirtschaft geht es nicht um eine absolute Forderung für den Verzicht auf chemisch-synthetische Hilfsmittel. Sie einzusetzen wird weniger notwendig sein, weil gesunde Böden und gesunde Pflanzen in der Regel ohne diese auskommen. Nehmen Sie als Beispiel den Wald. Dort werden kaum je Kunstdünger eingesetzt, und es sind selten chemisch-synthetischen Hilfsmittel nötig. In einem gesunden Wald ist übrigens auch der Kreislauf der organischen Materie automatisch sichergestellt.

Fazit: Die heutige Diskussion rund um Pflanzenschutzmittel ist eine Diskussion um Symptome und nicht um Ursachen. Deshalb ist auch ein Verbot nicht zielführend. Nein, es braucht viel eher ein System, welches naturschädigende Hilfsmittel ganz einfach überflüssig macht. Es zeigt sich immer deutlicher: wir leben besser und gesünder, wenn wir mit der Natur arbeiten, anstatt dieser etwas aufzwingen zu wollen – die Natur ist immer stärker.

Agrarpolitik und Strukturen

Es würde den Rahmen dieses Buches sprengen, die umfassenden agrarpolitischen Weichenstellungen zu beschreiben, die für einen Systemwechsel nötig sind. Es rührt von meiner Erfahrung her und entspricht meiner Philosophie, der Agrarpolitik keine dominierende Rolle zuzutrauen. Ich setze primär auf die bewussten Handlungen der Akteure der Wertschöpfungskette.

Wenn sich ein Betrieb nach der aktuellen Agrarpolitik ausrichten will, dann ist er nach ein paar Jahren höchstwahrscheinlich auf dem Holzweg; denn die Agrarpolitik ist ein Abbild der gesellschaftlichen Diskussion und ein Ergebnis der Aktivitäten verschiedenster Interessengruppen. Da sich die Kräfteverhältnisse plötzlich ändern können, setzen weise Akteure im regenerativen System auf die eigenen Stärken und nicht primär auf die Unterstützung durch agrarpolitische Massnahmen.

Diese sollen aber in Zukunft konsequent auf eine regenerative Landwirtschaft ausgerichtet sein. Doch leider kommt die Politik in aller Regel zu spät und hat eher die Aufgabe, Rückschritte zu verhindern.

So wurde der biologische Landbau erst nach Jahrzehnten auch von der Agrarpolitik offiziell anerkannt und gefördert. Es ist davon auszugehen, dass auch die regenerative Landwirtschaft bei der agrarpolitischen Elite keine grosse Begeisterung auslösen wird, denn Veränderung bedeutet ein Verlassen der Komfortzone – und wer sich darin gut eingerichtet hat, möchte diese nur sehr ungern verlassen.

Deshalb erwähne ich in der Folge beispielhaft einen Ansatz, wie eine sinnvolle Veränderung der Agrarpolitik aussehen könnte – eine Neugestaltung der landwirtschaftlichen Direktzahlungen, dem grössten Ausgabenposten der Agrarpolitik.

In der Nachkriegszeit war die Devise: Bauern sollen produzieren, der Staat sorgt für den Absatz. Als in den späten 80er-Jahren diese preisgebundene Stützung durch GATT und WTO immer mehr unter Druck kam, forderte der Schweizer Bundesrat Delamuraz Vorschläge. Professor Hans Popp, damals Vizedirektor im Bundesamt für Landwirtschaft, kannte aus seinen USA-Aufenthalten das dortige System der direkten Stützung. Dies schlug er also Delamuraz vor, und so hielten die Direktzahlungen langsam Einzug – die Trennung von Preis- und Einkommenspolitik nahm ihren Lauf.

Auch die denkwürdigen Abstimmungen in den 90er-Jahren trugen zum Systemwechsel bei. Salopp gesagt, haben wir den USA das System abgekupfert. Eigentlich eine patente Sache, oder? Doch leider hat dieses System unerwünschte Nebenwirkungen, die erst mit der Zeit sichtbar wurden.

Als Coach höre ich heute von vielen Bauernfamilien, dass sie die Direktzahlungen zwar benötigen, aber eigentlich lieber faire Preise erhalten möchten. Das Einkommen ist trotz aller Förderung unter Druck. Für das Selbstwertgefühl ist dieses System kaum förderlich, denn der Bezug zur eigenen Arbeit in Feld und Hof ist nicht mehr klar ersichtlich, ausser man definiert das Ausfüllen von Formularen als landwirtschaftliche Arbeit.

Zudem baut der Handel die Direktzahlungen bei jedem Ausbauschritt in die Kalkulation mit ein, und entsprechend sinken die Produzentenpreise und steigen die Margen der Händler kontinuierlich.

Wie wäre es, wenn der Produzentenpreis wieder dem Wert der Produkte entsprechen würde, also wesentlich höher wäre? Auch der Selbstwert unserer Bauernfamilien würde steigen, weil sie für ihre ursprüngliche Aufgabe der Lebensmittelproduktion fairer bezahlt würden und der Wert der Produkte eher der investierten Arbeit entspräche. Der bekannte US-amerikanische Investor Warren Buffet sagt es so: «Preis ist, was du bezahlst, Wert ist, was du bekommst».

Auch heute lohnt sich ein Blick über den Teich wieder. Joel Salatin zum Beispiel, ein innovativer regenerativer Farmer aus Virginia, erzielt auf seinem Hof eine Wertschöpfung, die zehnmal höher ist als diejenige von vergleichbaren Betrieben. Dies funktioniert ohne Label, aber mit konsequenter Werthaltung und Marktorientierung. Die regenerative Landschaft erlebt heute in den USA einen Boom – und bald schon dürfte dies auch bei uns zu spüren sein.

Wie wir bereits erfahren haben, geht der regenerative Ansatz weiter als die bisher als nachhaltig angesehenen Modelle. Wie wäre es, wenn man diese Ansätze auch in unser Agrarfördersystem einbauen würde? Der Betrieb, der humusaufbauend wirtschaftet, würde dann eine Anerkennung für seine Leistung erhalten – was heute leider nicht geschieht.

Ein Schweizer Pionier der Humuswirtschaft erzielte trotz überragendem Erfolg, also einer massiven Steigerung des Humusgehalts, mit seiner Methode keinen finanziellen Vorteil. Somit ist dies leider nicht mehr als ein teures Hobby und kaum motivierend für andere, diesem Beispiel zu folgen.

Was heißt das nun für das Direktzahlungssystem? Umbauen zu einem Auftragssystem! Der Bund definiert seinen Bedarf an notwendigen Ökosystemdienstleistungen wie Bodenschutz, Klimaschonung, Biodiversität etc., die Bauernfamilien geben ihr individuelles Angebot dafür ab, erhalten einen gezielten Auftrag und schicken dem Bund die Rechnung und einen Bericht über die Umsetzung. Der Bund prüft die Auftragserfüllung und überweist das Geld. Dies wäre ein unternehmerisch umgebautes Förderungssystem viel flexibler, angepasster auf betriebsindividuelle Gegebenheiten, und unternehmerisch geprägt.

Damit dies auf allen Betrieben mit Erfolg umgesetzt werden kann, muss ein flächendeckendes Angebot von Coaches für die Landwirtschaft aufgebaut und gefördert werden, die jeden Betrieb begleiten. Eine Beratung ist dort nötig, wo es um Umsetzungsfragen geht.

Man darf auch hier wieder von den USA lernen, z. B. wie dort Bauern mit regenerativer Landwirtschaft erfolgreich sind und gefördert werden. Eine neue Entwicklung ist, dass Landwirtschaftsbetriebe für Humusaufbau in ihren Böden entschädigt werden. Mit Bodenproben und satellitengestützten Messmethoden wird berechnet, wieviel Kohlenstoff in den Boden sequestriert wird. Aufgrund dieser Daten werden Klimazertifikate generiert, die dann von Unternehmen für die Kompensation ihres Klimagasausstosses gekauft werden können.

Ganz zentral ist aber der Fokus auf die innere Qualität der Lebensmittel. Hier bietet regenerative Landwirtschaft messbar mehr. Dass sich dies auch positiv auf die Gesundheit auswirkt, erscheint plausibel. Somit braucht es eine Politik vom Feld bis auf den Teller. Keine Agrarpolitik, sondern eine Ernährungspolitik, die in der Lage ist, das System in Balance zu halten, und die durch Un-

terstützung auf einer Stufe, keine negativen Auswirkungen auf der anderen verursacht.

Wirkungsvolle Strukturen schaffen

Es ist einigermassen erstaunlich, dass die Anzahl landwirtschaftlicher Organisationen nicht ab- sondern zunimmt. Im Gegensatz dazu sinkt die Anzahl der Landwirtschaftsbetriebe in der Schweiz jährlich um etwa 2%. Wenn das so weiter geht, gibt es irgendwann mehr Verbände als Landwirtschaftsbetriebe!

Was fast schon humoristisch anmutet, ist ein ernsthaftes Problem. Denn jede Organisation und jeder Verband braucht eine eigene Verwaltung, braucht Strukturen, hat administrativen Aufwand und zunehmenden Bedarf an interner Koordination und Absprache. Hier stellt sich die Frage: Braucht es wirklich all diese Strukturen? Oder wäre es aufgrund der Bedürfnisse nicht einfacher und effizienter möglich?

Eine Strukturreform drängt sich hier auf. So soll sich die Struktur an den Zielen und der Vision ausrichten. Was nicht hineinpasst oder Doppelspurigkeit aufweist, muss umgebaut und angepasst werden. Milizgremien sind professionell zu besetzen und Personen dafür aufgrund von klaren Anforderungsprofilen und Kompetenzen für die zu lösenden Herausforderungen zu rekrutieren. Ich gehe davon aus, dass mindestens 50% der Organisationen und Verbände abgeschafft oder fusioniert werden könnten, ohne dass die Wirkung sinken würde. Im Gegenteil, die Wirkung würde sich durch die bessere Schlagkraft positiv und fördernd auf die Landwirtschaft auswirken.

Transparenz und Kontrolle

Als meine Eltern den Landwirtschaftsbetrieb Anfang der 70er-Jahre auf biologischen Landbau umstellten, gab es noch keine Kontrolle, keine Zertifizierung, und nur ganz wenige Labels. Die Kontrolle war dadurch gewährleistet, dass wir unangemeldete Besuche von Kundinnen auf dem Betrieb hatten. Sie kamen einfach auf den Hof, um 25 Kilo Kartoffeln oder zwei Gläser Quark zu kaufen. Dabei stellten sie natürlich ein paar Fragen, machten vielleicht einen kurzen Rundgang auf dem Betrieb, und so gab es eine soziale Kontrolle, die damals recht gut funktionierte. Leider gab es aber auch ein paar besonders schlaue Produzenten, die Bio benutzten, um die schrumpeligen, fleckigen Äpfel, die auch noch produziert wurden, so an die Frau oder den Mann zu bringen. Es braucht nur wenige schwarze Schafe, um etwas Positives in ein schlechtes Licht zu rücken. Somit war es damals richtig, diesem Verhalten einen Riegel zu schieben und die Bioprodukte streng zu kontrollieren. Über die Jahre hinweg wurde diese Kontrolle und Zertifizierung stetig verbessert und auch komplexer – und damit teurer.

Heute haben wir ein Kontroll- und Zertifizierungssystem, das von niemandem richtig geliebt wird (ausser den Kontrollfirmen). Es wird als zu aufwendig, theoretisch, unpraktisch und einschränkend erlebt. Zudem basiert das System auf Methoden der 1980er-Jahre, ist nicht betrugssicher und fragmentiert. Es ist an der Zeit, sich Gedanken über eine grundsätzlich neue Art der Zertifizierung zu machen, um die Transparenz sicherzustellen. Wie kann dies aussehen? Weg von der Prozesskontrolle hin zur Ergebniskontrolle: Wenn man im Endprodukt feststellen kann, was drin ist, kann man auch Rückschlüsse ziehen auf die Art der Produktion. Schlussendlich soll der Konsument nicht für ein System bezahlen, sondern für das Ergebnis, das er auf dem Teller hat. So könnten relevante Produktionsdaten, die mit Selbstdeklaration erfasst werden, mit Analysen der Produkte abgeglichen werden.

Wenn es nun eine Diskrepanz gibt, wird die Ware zurückgewiesen. Heute gibt es z. B. dank Nahinfrarotspektroskopie Möglichkeiten, Produkte sehr genau zu analysieren und aufgrund eines Abgleichs mit Datenbanken genau zu eruieren, was angewendet wurde. Kombiniert mit Rückstandsanalysen, kann ein Produkt sehr genau deklariert werden. Warum nicht eine neue Technik anwenden, um wieder zurück zum Ursprung zu kommen, wo die Beziehung zwischen Produzenten und Konsumentinnen und nicht Labels oder Zertifikate im Vordergrund steht?

Nährstoffe statt Kalorien

Schätzungen gehen davon aus, dass bis zu 80% aller Krankheiten durch eine nicht adäquate Ernährung zumindest mitverursacht werden. Durch eine gesunde Ernährung, die ausgewogen und vielfältig ist, ausreichend essenzielle Nährstoffe aufweist und möglichst aus wenig verarbeiteten Produkten besteht, kann die Gesundheit positiv beeinflusst werden. Die funktionelle Medizin, die besonders in den USA stark an Bedeutung zunimmt, liefert stetig neue Erkenntnisse dazu.

Wesentlich ist, dass die Nahrungsmittel einen hohen Gehalt an Nährstoffen pro Kalorie aufweisen und bei der Verarbeitung möglichst wenig davon zerstört oder beeinträchtigt wird. Gesunde Ernährung ist eine komplexe Materie. Deshalb ist es absolut notwendig, dass Kinder zu Hause und in der Schule lernen, was gesunde Ernährung ist. Kochen ist eine wichtige Fertigkeit fürs ganze Leben. Bewusste und informierte Entscheidungen bezüglich seiner eigenen Ernährung zu treffen, kann die Lebensqualität und -Länge positiv beeinflussen.

Das bedeutet aber nicht, dass man asketisch und ohne Genuss leben muss. Im Gegenteil, das Essen soll Freude machen! Nur so wird auch langfristig gesund essen Teil des Alltags. Die Basis fürs Essen soll die pflanzliche Nahrung sein, ergänzt durch hochqualitative, tierische Lebensmittel: Generell soll Nahrung möglichst wenig verarbeitet sein. Doch sprechen Kinder besonders gut auf Farben und Formen an, das Marketing der Lebensmittelhersteller ist diesbezüglich sehr kreativ.

In unserer Familie habe ich die Erfahrung gemacht, dass die Kinder ihr Interesse an solchen Nahrungsmitteln schnell verlieren, wenn sie als Alternative gesunde, schmackhafte und frische Produkte direkt vom Bauernhof geniessen können, die nicht oder nur wenig verarbeitet wurden. Knackige, süsse Kirschen, anstatt künstlich gefärbtes und aromatisiertes Schleckzeug. So kann schon früh dafür gesorgt werden, dass Kinder auch später eine gesunde Ernährung bevorzugen. Eine Veränderung im Erwachsenenalter ist viel schwieriger, als wenn etwas schon von Kindesbeinen an gelernt wurde, dies wissen wir alle. Wenn wir den Kindern mitgeben, was gesunde Ernährung bedeutet, und dies mit einem Erlebnis verbinden, zum Beispiel mit einem Besuch auf dem Bauernhof, prägt sich ihnen ein Bild zu richtiger Nahrung und deren Wert ein.

Auch die Schule ist hier gefordert. Dort kann den Kindern beispielsweise mit einem Schulgarten vermittelt werden, was es heisst, Gemüse zu produzieren. Auch ein Besuch auf einem Bauernhof und sogar eine Projektwoche auf dem Land sind spannende Erlebnisse für Kinder.

Wie sieht die Lösung dazu aus? Grundsätzlich geht es darum, dass man im Bildungssystem die Fragen der Ernährung anschaulicher vermittelt. Eine Investition in eine bessere Gesundheit ist in jedem Fall volkswirtschaftlich positiv, weil weniger Gesundheitskosten anfallen. Doch tragischerweise wird das Bruttosozialprodukt nicht wirkungsorientiert berechnet, es wird einfach addiert. Das heisst, Wertschöpfung aufgrund von Gesundheitskosten wird zum Bruttoinlandprodukt hinzugezählt. Im Grunde genommen sollten diese abgezogen werden, weil das ja verlorene Mittel sind, die anders besser eingesetzt werden könnten. Es stimmt nachdenklich, dass heute in der Schweiz durchschnittlich nur noch 7% für die Ernährung ausgegeben werden, aber 14% für die Gesundheit. Stellen Sie sich vor, es wäre gerade umgekehrt – da würde auch der Wohlfühlfaktor steigen!

Ausblick

Martin Luther King prägte 1963 in einer bewegenden Rede den heute berühmten Satz „I have a Dream". Sein Traum war, das Schwarze und Weisse in den USA die gleichen Rechte haben, dass Menschen vor dem Gesetz gleich sind, und alle ihr Potential nutzen können.

Heute, mehr als 50 Jahre später, habe auch ich einen Traum. Ich träume davon, eine blühende, selbstbewusste Landwirtschaft zu sehen, die gesunde Lebensmittel erzeugt und Menschen eine sinnvolle, befriedigende und wirtschaftlich lohnende Tätigkeit ermöglicht.

Ich träume davon, dass Lebensmittel wieder mehr wertgeschätzt werden und KonsumentInnen wissen, dass der innere Wert entscheidend ist. Hoch verarbeitete Produkte sollen nur als Ergänzung zu den authentischen und aus regionaler Produktion stammenden Grundnahrungsmittel dienen.

Ich träume davon, dass die Landwirtschaft nicht mehr existentiell von öffentlichen Geldern zur Unterstützung abhängig ist. Durch den Verkauf von hochwertigen, fair produzierten Lebensmitteln mit hohem Wert für

Mensch, Tier und Umwelt und klarer Herkunft möglichst direkt an Konsumenten kann sie eine ausreichende Wertschöpfung erzielen. Die Landwirtschaftsbetriebe leisten einen unersetzlichen Beitrag zur Ernährung und Gesundheit unserer Bevölkerung.

Ich träume davon, dass Stadt und Land sich als Teil eines Ganzen sehen, aufeinander angewiesen sind und Teil eines Nutzungskreislaufs von naturbasierten Ressourcen darstellen, der möglichst geschlossen sein sollte.

Ich träume davon, mit Menschen gemeinsam an diesem Traum zu arbeiten, damit dieser Traum Wirklichkeit wird.

Sind Sie auch dabei und helfen mit, den Traum Realität werden zu lassen?

Epilog

Robert Rodale, der den Begriff „regenerativ" im Zusammenhang mit Landwirtschaft erstmals verwendete, beschrieb vor Jahrzehnten die grundlegenden Prinzipien. Seine ursprüngliche Philosophie der Regeneration umfasste ein breiteres Spektrum menschlicher Werte.

Zusammen mit seiner Tochter Maria Rodale schrieb er die sieben Prinzipien der Regeneration nieder, wie er sie sah. Sie dienen heute noch als wertvolle Leitlinien und haben nichts von ihrer Bedeutung verloren. Sie umfassen nicht nur den Bereich der Land- und Ernährungswirtschaft, sondern sind darüber hinaus anwendbar und regen zum Nachdenken an.

1. Pluralismus

- Zunahme der Artenvielfalt.

- Zunahme der Vielfalt von Unternehmen, Menschen und Kultur.

- Zunehmende Vielfalt persönlicher Erfahrungen, Fähigkeiten, Chancen und Offenheit für neue Erfahrungen.

2. Schutz

- Mehr Oberflächenbedeckung durch Pflanzen, Beendigung der Erosion und Erhöhung der nützlichen mikrobiellen Populationen unter und auf der Oberfläche.

- Mehr Resilienz gegen wirtschaftliche und kulturelle Schwankungen aufgrund der Menge und Vielfalt von Unternehmen und Menschen, welche die allgemeine Beschäftigung und die Stabilität der Gesellschaft erhöhen.

- Verbesserung der persönlichen Vitalität und der Fähigkeit, Krisen zu widerstehen, begleitet von einer Stärkung des körpereigenen Immunsystems.

3. Reinheit

- Ohne den Einsatz von chemischem Dünger und Pestiziden existieren eine grössere Vielfalt und Masse an Pflanzen und an Leben im Boden.

- Ohne Umweltverschmutzung können mehr Menschen bei besserer Gesundheit leben.

- Durch die Beendigung schädlicher Gewohnheiten wie Rauchen oder negatives Denken steigt das Potenzial für Wachstum, Glück und Erfolg.

4. Beständigkeit

- Mehr Stauden und andere Pflanzen mit kräftigen Wurzelsystemen beginnen zu wachsen.

- Wenn Unternehmen und Einzelpersonen erfolgreich und stabil werden, können sie mehr zur Gemeinschaft beitragen.

- Neue, positive, persönliche und spirituelle Verhaltensweisen schlagen Wurzeln und verleihen dem Leben einen tieferen Sinn.

5. Frieden

- Frühere Muster von Unkraut- und Schädlingsstörungen mit wachsenden Systemen werden verändert.

- Frühere Muster von Gewalt und Kriminalität werden reduziert, was die allgemeine Sicherheit und das Wohlbefinden verbessert.

- Negative Emotionen wie Wut, Angst und Hass nehmen an Intensität ab und werden durch Toleranz, Mitgefühl und Verständnis ersetzt.

6. Potenzial

- Nährstoffe neigen dazu, sich in der Nähe der Oberfläche anzusammeln, wodurch sie für Pflanzen besser verfügbar werden.

- "Nach oben rieseln" - Ökonomie: Mehr Ressourcen und Geld sammeln sich an und stehen mehr Menschen zur Verfügung.

- Die positiven Eigenschaften und Ressourcen in Ihnen und Ihrer Umgebung werden leichter zugänglich und wirken sich auf mehr Menschen in Ihrer Umgebung aus.

7. Fortschritt

- Die gesamte Bodenstruktur verbessert sich und erhöht das Wasserrückhaltevermögen.

- Das allgemeine Gemeinschaftsleben verbessert sich und erhöht die Gesundheit und den Wohlstand seiner Bewohner.

- Die Fähigkeit zum Wohlbefinden und Geniessen steigt.

Sieben ist in manchen Kulturen die Zahl der Vollkommenheit. Passend, nicht? Auch heute noch können diese sieben Punkte eine gute Richtschnur sein, an der wir unser Handeln messen können.

Der Verein Agricultura Regeneratio

Sie haben dieses Buch bis zum Schluss gelesen. Danke, dass Sie sich mit den teilweise komplexen Themen auseinandergesetzt haben. Mit diesen Gedankenanstössen möchte ich zu einem konstruktiven Dialog beitragen, wie wir aus den Zielkonflikten und Sackgassen der heutigen Land- und Ernährungswirtschaft herausfinden können, mit positiver Wirkung für alle. Der Dialog ist nicht nur in der Landwirtschaft, sondern in der Gesellschaft zu führen – denn nur gemeinsam kommen wir wirklich weiter.

Doch Sie können auch praktisch etwas dafür tun. Treten Sie dem Verein „Agricultura Regeneratio" bei, den ich 2019 initiierte und mit Verbündeten gründete. Wir vereinen alle Akteure der Lebensmittel-Wertschöpfungskette, die sich für die regenerative Land- und Ernährungswirtschaft einsetzen. Wir fördern den Dialog, bieten Trainings, sorgen für Transparenz und wirken verbindend.

Ziel und Zweck:

«Der Verein bezweckt die Förderung der regenerativen Land- und Ernährungswirtschaft. Er unterstützt Projekte mit gemeinnützigem Charakter, die dem Zweck dienen. Er organisiert und vernetzt die Akteure der ganzen Wertschöpfungskette, die sich für die regenerative Landwirtschaft einsetzen. Er verhilft der regenerativen Land- und Ernährungswirtschaft zu Wahrnehmung und Wertschätzung in Gesellschaft, Wirtschaft und Politik.»

Wir wollen Menschen aufzeigen, wie wertvoll eine naturfördernde, lokale, regenerative Land- und Ernährungswirtschaft für ihr Essen und die Gesundheit ist. Wir machen die regenerative Land- und Ernährungswirtschaft bekannter und unterstützen Bauernfamilien dabei, ein für ihren Betrieb optimales regeneratives System zu finden und umzusetzen.

Wir stärken Betriebe, um unabhängiger von externen Hilfsmitteln wirtschaftlicher zu produzieren und Produkte mit hohem innerem Wert möglichst direkt zu vermarkten. Wir bieten Konsumierenden Orientierung durch die Auslobung von Produkten aus regenerativer

Landwirtschaft und sorgen für Transparenz und Rückverfolgbarkeit.

Wir vereinen Betriebe aller Produktionsrichtungen, aus allen Regionen und unterstützen einander mit Rat und Tat.

Mehr Infos: www.agricultura-regeneratio.org

Über den Autor

Geboren 1967 und aufgewachsen auf einem der ersten Biolandwirtschaftsbetriebe der Schweiz, befasst sich Daniel Bärtschi seit seiner Jugend mit Fragen rund um Landwirtschaft, Ernährung und Nachhaltigkeit.

Nach seiner Ausbildung zum Landwirt studierte er Agrarwirtschaft (FH). Danach war er als landwirtschaftlicher Berater in der Schweiz und international tätig. An der Eastern University (USA) absolvierte er berufsbegleitend ein Masterstudium in Organizational Leadership.

Nach weiteren beruflichen Stationen als Leiter in der internationalen Entwicklungszusammenarbeit, Geschäftsführer von Bio Suisse und Direktor eines Naturmuseums verfügt er heute über ein umfassendes Wissen rund um die nachhaltige Produktion von Lebensmitteln.

Er ist ein Vordenker und Wegbereiter der regenerativen Land- und Ernährungswirtschaft und berät Unternehmen, Landwirtschaftsbetriebe und Organisationen dabei, wie sie Harmonie mit der Natur arbeiten können.

Seine Vision ist eine Welt, in der Menschen die Natur wertschätzen und fördern, eine regenerative Landwirtschaft gesunde Nahrungsmittel produziert, und dank Verbindung von traditionellem Wissen mit moderner Technik die Natur wieder aufblühen kann.

Er rief 2019 den Verein Agricultura Regeneratio ins Leben, der die regenerative Land- und Ernährungswirtschaft fördert und in Gesellschaft, Wirtschaft und Politik zu mehr Beachtung und Wertschätzung verhelfen will.

Daniel Bärtschi lebt mit seiner Familie in Basel, Schweiz.

Für alle Anfragen, zu diesem Buch oder generell zur regenerativen Land- und Ernährungswirtschaft, schicken Sie eine E-Mail an:

info@danielbaertschi.ch